你怎么弱得心安理得

杨奇函 著

人民文学出版社

图书在版编目（CIP）数据

你怎么弱得心安理得/杨奇函著. —北京：人民文学出版社，2017
ISBN 978-7-02-012835-8

I. ①你… II. ①杨… III. ①成功心理—通俗读物 IV. ①B848.4-49

中国版本图书馆CIP数据核字（2017）第105361号

责任编辑	徐子茼
责任印制	苏文强

出版发行	人民文学出版社
社　　址	北京市朝内大街166号
邮政编码	100705
网　　址	http://www.rw-cn.com
印　　刷	三河市宏盛印务有限公司
经　　销	全国新华书店等
字　　数	100千字
开　　本	880毫米×1230毫米　1/32
印　　张	8.75　插页1
版　　次	2017年11月北京第1版
印　　次	2017年11月第1次印刷
书　　号	978-7-02-012835-8
定　　价	39.00元

如有印装质量问题，请与本社图书销售中心联系调换。电话：010-65233595

目录

每次被淘汰的时候,你第一反应不是自己的问题,而是"社会的不公"。比起专注于自我反省和自我提升,你更热衷惨淡经营自己的自尊心和虚荣心。

壹章　就是因为社会公平,你才被淘汰

- 003　不要总向失败者咨询成功
- 010　屌丝间才是赤裸裸的仇恨
- 018　就是因为社会公平你才被淘汰的
- 023　你的每一个微笑,都可能是一种挑衅
- 030　如果兔子不睡觉,乌龟怎么办
- 037　你的层次决定了你能见到的风景
- 044　实力不行,少拿情怀说事
- 050　一切圣母心都是绿茶婊
- 058　有些人纵有神刀在手,也难为刀神
- 064　活出自己前照照镜子
- 069　老天有眼,也会看脸

在正该奔跑的年纪，你选择了葡匐；在正该不服的年纪，你选择了凑合。于是乎，你终于过上了你自嘲的生活，日复一日，盘桓底层，黯淡无光。

贰章 在正该不服的年纪，别选择凑合

- 079 青春是一种态度，与年龄无关
- 085 着急当将军的士兵不是好士兵
- 091 摆正自己的位置，花该花的钱
- 096 姑娘，该下班下班
- 101 有一种幼稚叫「只讲理」
- 108 请扔掉那碗你觉得难吃的羊肉泡馍
- 115 你缺的不是真诚，你缺的是套路
- 123 动手未必真豪杰
- 129 钱真的能买到快乐
- 137 给『读书无用论』扒层皮
- 144 世间并没有多少文艺青年
- 150 那些不能再幼稚的成熟

一切优越感都源于见识的有限。见识越有限的人，越容易嘲讽他人的好恶，越容易因为评判别人而发生纠纷。坐井观天的青蛙心中，谁说天是无限大的，谁就是脑残。

叁章 值得被传承的不是优越感，而是同理心

161 你要的是道理，我要的是情绪
165 高晓松师兄您说得对，但是您别急
174 岁月催人婊，日久见人腥
182 有一小撮中国家长
188 黑格尔们没必要瞧不起郭敬明
195 大V互撕为哪般
202 临别清华，我有「三怕」
210 心灵鸡汤的红与黑
215

比起忙碌相亲，我们手头任务更紧急的应该是读书、健身、塑形、养颜、赚钱、练修养、懂幽默、拓眼界等自我提升。

肆章 如果爱上野马，就赶紧去开拓草原

225 爱情如衣服，只穿你买得起的牌子
232 比起渣男，女人更不要孬男
240 婚姻这事，细思极恐
249 没钱别谈异地恋
255 三者未必相关：跟谁恋爱，跟谁结婚，与谁地老天荒
259 韶华太美好，等谁没必要
268 秀恩爱究竟虐了哪条狗

壹章 就是因为社会公平，你才被淘汰

——每次被淘汰的时候，你第一反应不是自己的问题，而是"社会的不公"。比起专注于自我反省和自我提升，你更热衷惨淡经营自己的自尊心和虚荣心。

不要总向失败者咨询成功

蔡康永一次谈到很多年轻人把"成名要趁早"当座右铭。蔡康永说:"张爱玲的人生很棒吗?你怎么会用一个人生糟透了的人描述人生的话来作为你的座右铭呢?我完全认同如果你想写小说,要去体会她为什么把小说写得这么好。可是张爱玲对人生的建议,拜托,张爱玲把自己的人生搞得乱七八糟。"

两个月前高考填报志愿期间,学弟跟我说想学工程物理,但是他二叔告诉他这专业的毕业生都到荒无人烟的地方工作一辈子。他打算报别的志愿。我问:"你二叔哪里毕业在哪工作?"他说:"就是老家瓦匠,没上过大学。"我无语,"老弟,报志愿是大事,多问点上过大学的人。"

以前中关村美嘉影院门口有一哥们，一边要饭一边讲成功学。有次我跟哥们路过看见这哥面对一帮人侃侃而谈："成功呢，主要看的是心态。"我说："这家伙心态可真好，都混得要饭了还教人成功。这帮听的人是不是闲的？"哥们说："咱俩也是五十步笑百步，听过多少没有成功经验的人高谈阔论成功人生。"

经常向失败者咨询成功，是人生诸多悲剧的助力之一。在缺乏明确成功榜样的人生各阶段，一切在年龄和资历上有优势的人，都容易成为我们的指南针和方向盘。而这些人往往缺乏批判性思维训练。我们常常在某些人生方面有困惑或麻烦的时候，会饥不择食地聆听和吸取尽可能多的意见。

然而，我们咨询来的意见都靠谱吗？仔细想想，我们诸多决策依据，有多少是主要参考此方面佼佼者的意见？回顾人生的很多节点，在我们人生决策依据的数据库之中，在我们纠结的某个人生方面，对我们施加重大影响的人可能在那个方面是一个失败者，无所谓他在其他方面成就辉煌或者不甚了了。

没有上过大学的亲戚指导我们高考报志愿；没有出过国的儿时玩伴给我们讲为什么国外的月亮更圆；没有过投行或者 PE 工作经验的学姐给我们吐槽金融工作不生产价值；不

曾在核心学术期刊发表过论文的师兄指点你如何规划学术生涯；资深被迫单身狗给你畅谈追女孩的心得体会。诸如此类，不胜枚举。

"盲人骑瞎马，老牛拉破车"，往往是我们人生很多时候的真实写照。面对人生很多决策，我们的脑子本来已经是一团糨糊，而我们却不加考证，不加区分，在没有一个明确的判定标准和筛选机制的情况下，选择聆听以及相信一些在我们迷惑和无力的人生方面也并不是很成功的人，将一些源自于短板人生的人生短板奉若圭臬。

学渣前辈可能会向你断言 GPA 毫无用处，然后我们便可能倾向于荒废学业；资深单身狗前辈会告诉你多参加社团活动就会有妹子，然后我们便可能做一个妹子们都看不上的"交际花"；婚姻悲剧的长辈告诉你不要相信爱情，然后我们便可能面对爱情畏首畏尾；职场 loser 反复提示你不要太努力，然后我们便可能热衷小聪明，沦为水货，得过且过。

结果就是，个别没有过成功婚恋生活的人指点着我们的婚姻，个别没有过职场成绩的人指点着我们的业务，个别没有过企业知识或经验的人指点着我们的创业等等。总之，众多没有成功过的人指点着我们等待成功的人生。

同时，就像很多人以不靠谱的姿态和状态指点着我们那样，我们常常以更不靠谱的姿态和状态指点着别人。我们很多时候也会积极主动到人家面前谈人生谈方向，迫不及待地用我们人生阅历的残羹冷炙指点着朝气蓬勃的小鲜肉。我们窘迫的过去、平凡的现在和未知的未来并没有影响我们对别人的人生语重心长、捶胸顿足、指指点点、吆五喝六。

我们在给别人意见的时候往往有两个问题：第一，有时候我们"太主动"了。经常不了解对方的具体情况，主动到别人的留言板、朋友圈甚至本人面前，指点别人该怎么做。第二，有时候我们"太圆满"了。经常在不确定自己是否是成功案例的情况下，敢于把话说满，信誓旦旦。一种"信我必胜"的状态，却很少向对方提及我们自身的局限。

PS：笔者是一个匍匐在人生路上的屌丝，为了避免本文沦为纯粹的笑柄和尴尬的悖论，我不得不郑重声明一下：笔者从不"主动"，不敢"圆满"。我在网上唯一敢做的，就是在自己的账号同关注我账号的朋友们分享和交流一些思想和情感。撰文扯淡，只图一乐，如有冒犯，敬请忽略。

说了"成功"许久，有一件重要的事没有说："成功"的标准很多元，谁算"成功者"呢？现实生活中，在每个特定的人生方面，我们都有自己关于"成功"和"成功者"的直觉和标准。

难道我们眼中的狭义"失败者"的指导意见就没有价值了？当然不是。"失败者"的很多经验和教训都是十分宝贵的，而且很多所谓"失败者"是"待成功者"，阶段性疲软的他们在未来可能会取得很多让我们叹为观止的成就。只不过，笔者想强调一个现实就是，实际生活中我们绝大多数人面临着两个矛盾：第一，自身精力的有限性和他人意见的无限性之间的矛盾；第二，成功机会的稀缺性和韶华流逝的紧迫性之间的矛盾。

我们不是情感上对他人傲慢，只是理智上向现实屈服。我们一方面窘迫于精力有限，无力筛选海量信息；一方面窘迫于青春易逝，太难及时把握人生机遇。我们不是毫不在乎"失败者"或"待成功者"的经验和教训，而是在分配咨询精力的侧重点上有区分，在请教对象顺序的优先级上有层次，在考量决策依据的含金量上有筛选。从而我们会更合理地利用我们有限的精力，更高效筛选出最有效讯息，在极为有限的时间内，尽可能地最大化我们达成心中目标的概率。

我们的人生有时候成为一个谁都可以打扮一下的小姑娘，这事怪谁呢？首先还是怪我们自己。具体有二：

一方面，我们缺乏建立在理智而非情感基础之上的批判性思维，我们太容易被情感和情绪左右，经常错将情感等同于理智，错将情绪附着于思考。我们往往因为考虑给出意见者在社会角色上与我们的特殊性，比如父母、师兄、师傅等等，误认为他们给的所有意见都有正面的意义，是都应该听从的——毕竟如他们情真意切地说："都是为了你好啊。"

另一方面，我们自己也不谦卑，常常主动到别人面前在自己未必擅长的领域里指指点点。以及当别人问到我们某些人生方面的意见时，我们也并没有提示对方我们的某些硬伤并不适合作为对方决策依据之一。我们便参与塑造这种浮夸的氛围，即我们可以忽略自身状况而在某些并不擅长的领域夸夸其谈。

有人吐槽郭德纲"不听观众意见"。郭德纲笑："该听的意见都听，但是一天相声没说过的人教我说相声，我能听吗？"老郭补充，"我可从来不敢上赶着告诉工人怎么做工。"——给意见者和被给意见者的本分关系，大约本该似老郭这般。有一位我和周边朋友们认为非常成功的师长在"请教和被请教"方面分享过一些心得。分享如下，仅供参考。

当我们请教别人意见的时候，我们一般只向两类人请教。要么，是在我们需要意见的方面，在我们现在的年纪，取得了比我们更让人满意的成就之人；要么，是在我们需要意见的方面，如果我们到了对方的年纪，拥有着对方在这方面的成就，我们会感到满意的人。

当别人请教我们意见的时候，我们一般恪守两个原则。一个是"不主动"原则，即坚决不主动到别人面前耳提面命，夸夸其谈各种人生经验；另一个是"不敢当"原则，即坚决在别人主动向我们请教某方面经验的时候，在实事求是的基础上，强调一下自身的种种局限。

总之，现实太骨感，精力很有限，问道分先后，取材有层次。最后，引用《圣经》(《马太福音》24:4-5)中的一段话作为结尾：

耶稣说："你们要谨慎，免得有人迷惑你们。因为将来有好些人冒我的名来，说：'我是基督。'并且要迷惑许多人。"

屌丝间才是赤裸裸的仇恨

凤姐之前发了一条微博："我一直不明白中国人为什么骂我。我是大专学历，在家乐福做收银员，这是一个典型的小人物的形象。而我在电视台说过的那些话，并不符合小人物的身份，因此这引起了人们的嫉妒。同样的话，从王思聪口中说出来，结果却完全不一样。而我们之间唯一的区别，就是他是首富之子，而我出身农民家庭。"凤姐一语中的。

仔细想想，我们都知道凤姐在被各种骂，但是却说不出来任何一个骂凤姐的人的名字。回顾凤姐从开始到现在，并没有任何真正意义上的成功人士或者大人物骂过她。骂她的都是一群无名的小人物。

对凤姐恶语相向又冷嘲热讽的这群小人物，基本上的生活状态跟凤姐初始阶段差不多。他们出身平凡，学历普通，相貌一般，能力有限。但是，就是这群与凤姐本应"屌丝互爱""惺惺惜惺惺"的小人物，对凤姐的攻击最甚，骂声最高，抨击最猛。

根据现行标准，早年的郭德纲是教科书式的屌丝。用郭德纲自己的话说："最艰苦的时候把BB机卖了换俩馒头吃。"按理说，相声界对于这样一个挣扎在生存线的相声小字辈年轻人应该帮扶和提携，在他成名之后更应该祝福和鼓励，毕竟大家都是吃这碗饭的。虽然郭德纲会抢了一部分人的饭碗，但是郭德纲混好了对相声界是件好事，整体上饭碗多了说相声的日子也会好过点。

结果恰恰相反，郭德纲被同行坑得五迷三道，危难处落井下石，荣耀时栽赃陷害，极尽打压整治之能事。侯耀文看不下去了，收了他当徒弟。郭德纲拜师大会上，侯耀文还呼吁同行："我们对郭德纲要爱护。"马季先生也曾在接到整治郭德纲的电话后，劝说对方："郭德纲火了是好事。"

在郭德纲起步阶段，骂郭德纲的、黑郭德纲的、坑郭德纲的，不是明星大腕，反倒是一些在相声圈里面日子过得很差的相声演员。他们跟郭德纲一样，挣扎生计，颠沛流离，端着相声这个饭碗朝不保夕。难怪郭德纲多次感慨："同行间才是赤裸裸的仇恨。"

罗永浩做锤子手机引起很多争议，可能没有比锤子手机承受更多骂名和嘲讽的创业产品了。很多网民在老罗做手机之前就是一顿唱衰，手机出问题团队出问题之后又是一顿鼓盆而歌。对锤子手机本身的性能、老罗个人能力以及后续的商业推广不予置评。不过，就其作为一个创业科技公司的CEO来讲，他招致的谩骂确实已经超出他们的产品硬伤和个人短板所能招来的程度了。

相比于很多投资人和技术人士在理智层面的讨论，很多不懂状况的网民则纯粹在不了解老罗和锤子手机的情况下，集中于低级语言的嘲讽和攻击。他为什么这么招黑呢？就是因为在很多人眼里，他是一个狂妄的屌丝。他狂妄为什么会被骂呢？因为"大家都是屌丝，凭什么你那么狂"？

很多纯屌丝的生活状态——偏窘迫。纯屌丝生存空间紧缩，生存资源稀缺，经常为生活琐事缠身，缺乏和谐的性生活，生活环境相对简陋，人际关系容易紧张。概括来说，就是"没怎么被生活温柔地对待过"。而没怎么被生活温柔地对待过的人，除非有着良好的自我修养，否则往往也不懂得如何温柔地对待生活，尤其是不懂得如何温柔地对待他人。

《进化论》里面说到过,越是相近的生物竞争性和互斥性是越强的。具体原因不多赘述,简单说来就是"狼多肉少,有你的没我的"。在哪里薄弱,也就在哪里敏感。由于纯屌丝挣扎于生存一线,精神和物质整体上处于贫困的状态,他们也就容易对得失很敏感。所以,一切刺激了他们欠缺方面的言行,他们都会格外敏感。

抛开生存空间、资源占有、交配权利等物质层面的竞争,乃至残杀导致的敌意和仇恨不谈,仅仅就这种精神上的刺激,也足以让屌丝之间赤裸裸地仇视和对立。因为常年窘于自身生存的挣扎,并且在一轮又一轮的学业、婚恋、就业等竞争中连番败下阵来,也就形成了一种根深蒂固的自卑。所以,他们的自尊心特别强。而一旦有人刺激了他们的自尊心,影响到了他们的优越感,他们的反应就会格外激烈。

那么谁最能刺激屌丝的自尊心和优越感,从而激发嫉妒之心,并让屌丝火冒三丈呢?就是屌丝,尤其是跟自己出身相近、年龄相仿、起点相似的屌丝。一个乞丐不一定会嫉妒百万富翁,但是会嫉妒一个比他混得好的乞丐,并且尤其会嫉妒那个跟他一个屯,一样年龄,一样其貌不扬、身体健全、无行业竞争优势的乞丐。

首先,屌丝很难跟别人吹嘘和装×。因为混得更好的屌丝与自己出身相同、年龄相仿、起点相似，对比之下，混得不好的屌丝自身的窘迫境况则没有任何借口或者幻想可以解释，自身的无能也暴露得毫无保留。还能解释什么呢？你把责任推给谁呢？又该怎么跟亲朋好友伪装自己在同龄人中是佼佼者的假象呢？

其次，屌丝很难自欺欺人。对于一个屌丝来说，另一个屌丝让人咬牙切齿，不仅因为别人令自己的无能暴露在光天化日之下，更将自己细心呵护的自以为是敲得稀碎，一点自欺欺人的余地都不留。面对我们不愿意见到的"被比下去"和"被揭穿"的真相，我们又怎么继续沾沾自喜呢？自以为是的优越感就这样没了，又怎么继续看着自己微不足道的成绩安然入睡呢？

所以，屌丝间才有着最赤裸裸的仇恨。理解了仇恨的缘由，也便不难理解除了理性讨论范围之外，"凤姐、郭德纲、罗永浩"们在起步阶段的一些言行何以在没有直接伤害到谁的情况下，还会在网络上激起大量纯粹以情绪宣泄为目的的人身攻击和冷嘲热讽。

原因很简单：他们作为屌丝，有了一些在其他屌丝眼中与自己身份不相称的言行。而这些言行是其他屌丝梦寐以求却难以启齿的。这些"出位"屌丝的言行便刺激了其他屌丝的自尊心，伤害了他们的优越感，从而激发起了嫉妒心，进而开始冷嘲热讽，恨不得杀之而后快。

"我们大家都是屌丝，凭什么你就那么狂？""你不好好跟我们一样，乖乖当屌丝，却在那臭不要脸，显得很了不起的样子，你凭什么？""你有什么了不起的，凭什么我在这受苦搬砖，你却能在镜头前扬扬自得，受到关注，获得掌声？""你那么丑都想嫁高富帅，我比你好看我都没敢说，你竟然大言不惭？"

有些人就是这样，自己没有能力、机会和勇气去发声、行动和改变，也不愿意见到别人这么做。比起看到别人逆势而长、异军突起，他们更愿意看到别人跟他们一样沉沦堕落、平庸猥琐。在他们心中，"普遍贫穷"就是"共同富裕"，"同归于尽"就是"皆大欢喜"。

对于他们来说，一旦别人有了既没有违背任何道德公义，也没有伤害他们利益，但是却不符合自身屌丝现状的言行。他们就会愤愤不平，咬牙切齿。除了一部分佼佼者能够理性地分析、反思和讨论，很大一部分屌丝则是只停留在纯粹的语言攻击上。因为他们觉得自身的优越感被伤害，他们的自尊心受到威胁。

如上，很多人搞不定比自己强的人，就去弄比自己弱的人，奚落并尽可能压制与自己一样境遇但是有改变动机的人。通过打压潜在增值，拉低周边均值，从而让自己的低水平值在整体的排列中显得没有那么差，来获得自欺欺人基础上的精神满足。这就像鲁迅先生笔下的"阿Q"，用精神胜利法，意淫别人的失败和落寞，来满足自己的虚荣心和优越感。并且通过欺负比自己更弱小的"小尼姑"们，来获得精神快感。

这里不得不说一句：我们鄙视的每一个屌丝，都些许有着自己的影子。我们每个人都在某种程度上可能是鄙视的某种屌丝，嫉妒的火苗蓄势待发。我们很多人也可能都曾经在某种特定的时间和场合，做出过一些伤害其他同侪的行为。被今天的自己看来，就是赤裸裸的"屌丝互妒，自相残杀"的行为。未来我们也可能还会在某些角度做屌丝以及做出自己鄙视自己的事情。

当我们落魄着，我们要对周遭的风生水起或飞黄腾达保持淡定。如果实在不能够从他们的身上学到什么东西，起码可以做到看个热闹消遣时光。如果实在不能够淡定观看，那起码我们可以干脆敬而远之，眼不见心不烦。完全没有必要在嘲讽上花精力和心思，如果我们把这些时间花到自己身上，我们可能会成为我们嫉妒的人。

当我们崛起着，我们要对周遭的横眉冷对或千夫所指保持淡定。百无人妒是庸才，应对嫉妒的心态无须赘述。这里只想提醒崛起着的屌丝几句，切忌境况稍微好转，被人嫉妒，则沾沾自喜，停滞不前。需记住：有没有本事不在于有人嫉妒，而在于被谁嫉妒。被屌丝嫉妒，说明在屌丝眼里你跟他们是一样，你还是个屌丝眼中"没什么资格嘚瑟"的屌丝。

最后，祝福我们每个人都能够不断鄙视曾经的自己，都能够让昨天的自己嫉妒今天的自己。

就是因为社会公平你才被淘汰的

在那遥远的地方,有个"屌丝冢",汇聚了无穷的屌丝气。那里有一个神秘的守墓人。每当有屌丝怨气太重,他的魂魄就会自然而然被戾气驱使到屌丝冢去面对守墓人。

这时候,飘来了一个学渣,他抱怨老师偏心、应试教育、就业歧视、女人贪财等。守墓人听着,然后说:"有这样一群人,你看你认识不认识。"

屌丝说:"谁?"

守墓人说:"义务教育的时候,他们课堂打闹,疯狂追星,糊弄作业。等到考试的时候,他们抱怨老师出题太难,学业负担重,偏心个别同学。认为这不公平。

"高中时候,他们混社会,看小说,每天琢磨谁好看,站在走廊搭讪,出了校门打架。等到了高考的时候,他们抱怨应试教育,咒骂高考制度。认为这不公平。

"大学时候,他们宅撸射,下 A 片,翘课睡觉,夜店赌博,抄袭作业,剽窃论文。等到了就业的时候,他们抱怨就业歧视,呼吁能力不看学历。认为这不公平。

"工作时候,他们眼高手低,得过且过,热衷攀比炫耀,幻想不劳而获。等到了升职的时候,他们抱怨全看关系,痛批人情社会。认为这不公平。

"婚配时候,他们自以为是,自私小气,一边自己矬,一边嫌弃别人矬。等到了被拒的时候,他们抱怨女人物质,男人肤浅,社会现实。认为这不公平。"

屌丝听了不说话。守墓人接着说:

"名校录取热衷打打杀杀或浮夸虚荣的你,拒绝了天资过人或脚踏实地的他,这叫公平?

"用人单位花重金雇用不学无术又好吃懒做的你,而非学历光鲜又实习满满的学霸,这叫公平?

"你心爱的男孩对待每天蓬头垢面的你,就像对待你妆容细致的情敌那样热情,这叫公平?

"女神给彬彬有礼又衣冠楚楚的高富帅的回复,同莽撞粗俗又边幅邋遢的你的内容一样,这叫公平?

"父辈箪食壶浆舍生忘死拼事业的二代,跟父辈碌碌无为小富即安的你掌握同样的资源和机会,这叫公平?"

屌丝不说话。守墓人继续:

"买条狗也要看看毛色,挑牲口还要看看品种。同样是耗费资源和精力,凭什么人家要把这些宝贵的稀缺的东西都倾注在你身上?

"清华北大都录取你,才叫素质教育?

"长腿美眉都献身你,才叫纯真爱情?

"知名企业都聘用你,才叫人尽其才?

"资源机会都集中你,才叫程序正义?"

屌丝不说话。守墓人继续：

"每次被淘汰的时候，你第一反应不是自己的问题，而是社会的不公。比起专注于自我反省和自我提升，你更热衷惨淡经营自己的自尊心和虚荣心。你的全部智慧集中于如何在这个有漏洞的社会中，撕开一个可以利用的边角料，来当作自己无能的遮羞布。

"你抱怨的不是社会不公，而是抱怨没有分到一杯羹；你追求的也不是什么公平，而是在幻想着不劳而获地进入既得利益群体。扪心自问，你遭逢的所有淘汰，到底有多少是因为社会的不公？在你所经历的所有公正公平的竞争中，你又赢过几次？哪怕机会和资源给了你，你做到了让自己匹配这份信任吗？

"社会上是存在一定的不公平，但是，你的今天未必是因为事实存在的不公平造成的，而是因为你幻想的不公平造成的——感谢这些你幻想的不公平，他们是你无能和懒惰最好的遮羞布。

"就像你不愿意承认的那样：社会有不公平，但是这终究是一个整体公平的社会。就是因为社会公平，你才被淘汰的。"

屌丝豁然了,全身闪闪发亮。守墓人告诉他:"你的屌丝怨气已经通过你的顿悟洗净了。以后再有抱怨,请回忆今天的对话。"屌丝的一身屌丝气就这样留在了屌丝冢。

到了这里,守墓人突然抬头问屏幕:"这个屌丝已经顿悟了,你呢?"

> 你的每一个微笑，
> 都可能是一种挑衅

我曾经发了一个状态："朋友们好，我在磨砺四个技能，与大家分享：第一，惜福。抱拙守一，且行且惜。第二，决绝。一旦放手，鸡犬不留。第三，自愈。家破人亡，来日方长。第四，找乐。江山待我，桃花朵朵。"

本意是想跟大家交流一下面对人生中种种挫折的我们，可以试着以怎样的方式对待。回复的留言中，有关于成长和修身的探讨和对我个人的鼓励和关心。但是以下三类，我觉得最有意思：

首先是："你失恋了！哈哈哈哈哈哈！"

其次是："你家里出事了！哈哈哈哈哈哈！"

再次是："你劈腿了！哈哈哈哈哈哈！"

由于周末比较闲，我就稍微回复了几个以无比兴奋的姿态认定我悲剧的人，问："请问你怎么看出来的呢？"回答基本上就是"就是这样""还不承认""别装了"等等。对真正关心我婚恋和家人的朋友，我心存感恩；但是对这些"幸灾乐祸者"，我哭笑不得。回忆往事，颇有感慨。谢谢朋友们关心，我没有任何变故。

一直以来，当谣言和流言袭来，我们常常疲于向一些人解释我们的真实状况。我们会尽可能地展现事情的本来面目，而希望他们能够给我们一个准确的判断。殊不知，传播我们谣言的人并不在乎真相，他们只想要一个想象。他们只是希望通过一些碎片化的事实弥补破碎的逻辑，从而形成一个扭曲和丑化我们的故事。

对他们来说，真实情况不重要，他们对我们的判断才重要。他们想要的，只是能够满足对你的世界的破坏欲和丑化欲的蛛丝马迹。你的一切解释都是没有用的，当对方认定你是他们想象中的那样，你的一切解释都是"掩饰"；他们的一切想象都是"真相"。

这个世界上是有很多人在积极寻觅攻击和打压别人的。

无论你做什么，他们都会骂，因为他们根本就不是要跟你讨论问题，而就是要黑你这个人或者组织。比如最近频发的"黑清华"（卖学姐被子、无人机求爱）和"黑北大"事件（军训低头族），引得一批因为种种原因对名校有偏见的连番攻击。解释有用吗？没用的，因为他们就要骂你。你就算卖旧书，他们也会说你"斯文扫地"，你就算军姿飒爽，他们还是会骂你"呆若木鸡"。

小学二年级有个"狼和小羊"的课文。大意就是，狼说小羊污染了狼的水，但是小羊其实在下游；狼又说小羊去年说狼坏话，但是小羊去年还没有出生。总之狼最终找个理由说："不是你骂我，你爸也肯定骂我了。"然后把小羊吃了。

现在回头看这个寓言，简直是社会经典的浓缩。回顾我们一路走来的坎坷人生，"欲加之罪何患无辞"这种事，距离我们生活并不远。所幸就是那批对我们有极强攻击心理的人并不具备攻击的能量和机会。他们是狼，我们是豹，大家旗鼓相当。个别敌意者并不具备在实际生活中给我们造成事实伤害的能力和机会。

那么，我们是否想过，为什么有一批人，就是要这样对你呢？有些时候，我们并没有做错什么，或者与他们形成利益竞争，但是我们还是被他们无端指责，恶意揣测，各种谩骂，是为什么呢？

纯个人观点，有点"玛丽苏"：如果我们招来了非议，不一定是因为我们做错了什么，而恰恰是因为我们做对了什么。

我们可能事实上没有与他们形成竞争或者造成影响，但是我们却占据着他们渴望的资源，拥抱着他们梦寐的爱人，经历着他们一直好奇的风景，享受着他们无法企及的体面。他们不是恨你，而是恨自己，你只是他自身无能的替罪羊。

当一个有人格残缺的人被生活折磨得筋疲力尽，无力享受高质量人生的时候，他唯一能做的，就是从他人的不幸中获得快感——"我过得不好，凭什么你过得好？""我过得不好，你也不会过得好！""我觉得你过得不好，你肯定就不好！""你过得好，我也不会让你过得好！"

我们常常无语一些"损人不利己"的人，殊不知对这些人而言，能够撕碎自己不能拥有的美好事物，要比拥有还要获得快感。这种心理扭曲在现实生活中数见不鲜。比如《天龙八部》中要毁灭萧峰、害死段正淳的康敏；再比如《原始武器》中，大反派徐锦江不能获得女主，干脆让她受尽凌辱。

你有钱炒股，他们穷得饭都吃不上，面对股票大跌，他们比"做空"的老鼠仓还兴奋；你有甜蜜爱情，他们只能宅撸射，面对你俩删一次恩爱微博，他们比桑拿房打折还开心；你有学术天赋，他们只能剽窃搬砖，面对你的论文落选，他们比自己发了核心期刊还热血。

有个动画短片叫《十二只蚊子和五个人》，讲的是几个人被蚊子叮了，不是想着把蚊子杀死，而是拉别人垫背，这样就能够缓解自己的痛苦了。还记得以前老家的农村地区，如果某家的鸡蛋下得格外多或者牛长得格外好，可能会被个别眼红的村邻夜间偷偷杀死。病态心理，大约如此。

更有趣以及无奈的是，很多人自己过得不好，无力改变现状，就将精力放到如何拉垫背的人上面，然而一旦自己没能弄惨别人，干脆就去想象别人过得惨。

于是乎，便有了一幕幕我们试图解释的歪曲真相，却发现竹篮打水，骂声滔滔不绝。为什么呢？因为我们太天真了，人家根本不是出于理智和逻辑来骂你，而是出于情绪来骂你。你的"罪孽"，在于你和他们形成的差值。

说点情绪化的言论：这批人，生得恶心，死得憋屈。他们见不得别人好，不思进取，每天琢磨某某混得不如自己，将他人幸福生活中偶然不顺的边角料作为自己生活的精神柱石,每天通过意淫精神垃圾来填补自身由于能力和道德塌陷导致的心灵断层。

面对这样的"幸灾乐祸者",我们怎么办呢?

第一,躲。由于自己的社会经验和人生阅历有限,我没有想到非常高效的解决手段,更没有包容体谅的强大内心。我所能做的,首先就是躲避他们,远离他们,以避免对彼此的伤害,既不让自己成为对方的负担,也不让他们成为我们的负担。

第二,进步。道理有二:首先,我们可以通过个人成长而带来的种种资源形成自我保护的屏障,与对我们有恶意的人形成物理隔离,让他们在实际生活中没有机会对我们造成事实伤害。其次,在这个瞬息万变的世界,我们随时可能沦为"幸灾乐祸者"。但是,我们谁愿意成为自己的呕吐物呢?让自己更优秀起来,可以从根源上避免成为一个"见不得别人好"而热衷于"鼓弄和意淫"的人。

除此之外,还有三个不成熟的小经验,斗胆分享给大家:

首先,保持"把贱人拉黑"的习惯。有些人存在于你的生活,只会给你造成负担和风险。拉黑贱人,是对自己和爱我们的人负责。我们的世界很宽敞，但没有一个位置是留给贱人的。

其次，谨慎同被生活折磨得筋疲力尽的人相处，比如，无论怎么努力都挂科的，无论怎么赚钱都饿肚子的等等。你的些许成绩和点滴幸福，很难保证不对他造成精神压迫和心理伤害。

再次，自恋的朋友相处起来可能更轻松些。自恋的人眼中自己就是最美的、最好的、最棒的，所以他们才不会担心你取得了怎样的成绩。他们不屑于背后捅你一刀，因为他们的双手忙于拥抱鲜花。

总之，对于不曾被这个世界温柔待过的人来说，你每一丝困难的讯息，都是一场盛典；你每一个幸福的微笑，都是一次挑衅。

如果兔子不睡觉，乌龟怎么办

"如果兔子不睡觉，乌龟怎么办？"对乌龟来说，这是一个残酷的问题。

从上学到就业到婚恋，社会上的无数经验反复以耳光的形式告诉我们：很多人比我们禀赋好，还比我们努力。一大批丝毫不曾打盹的高富帅兔子，正飞奔于跑道之上，甩屌丝乌龟们越来越远。谁都明白，如果兔子不睡觉，乌龟肯定会输给兔子。

有些乌龟无法接受他们注定输给兔子的结局："凭什么我不能跑过兔子？"但是，不知道誓要跑过兔子的乌龟们是否想过这样一个问题：赛过兔子，你凭什么？要知道，你们的物种都不一样啊！爬行动物进化到哺乳动物要几千万年，为什么你一代乌龟就要跑过兔子?

成功,本来就不是一代人的事。基因、钱、社会资源、人脉,都是几代人几家人集体努力攒下来的。在健康有序的社会条件下,绝大多数的阶层流动都是依靠几代人共同努力的结果。对于绝大多数的"乌龟"来说,超过"兔子",要经历漫长的"进化"。

我们常说竞争不公平。其实竞争很公平,只不过竞争在我们没有出生的时候就已经开始了。兔子和乌龟的差距不是他们两个的差距,而是兔子父辈和乌龟父辈两代乃至更多代积累下来的差距。乌龟要追的也不是一个兔子,而是几代兔子;乌龟努力要弥补的不是它俩之间一代的差距,而是它们的父辈乃至更多代积累下的差距。

精神上的揠苗助长遗患无穷。我们常常钦羡鲤跃龙门,却忽视了背后的代际积累和群体力量。当一个又一个"在年富力强的时候实现阶层流动"的案例以片面的情节摆在我们面前,不能够理性认知和应对这些的我们,不仅容易心态失衡,郁郁寡欢,还容易误入歧途,诱发悲剧,更加会被飞奔的"兔子们"在现代和后代拉开更大的差距。

以古代阶层流动的柱石科举制为例。在农业社会,"浪费"

一个成年劳动力不事生产并且花费大量开销参加科举,是绝大多数普通农民无法承担的。都是某一代农民攒钱有小的积累,让第二代有资本更从容地积累更多资本,然后在第三代才能有足够的富裕资本保证一个成年男子回报待定的"寒窗苦读"。回顾我们的祖辈、父辈和自己,也差不多都是这样走过来的。

且不说秦穆公、秦昭王等少有的雄主在为秦始皇做着百年铺垫的例子,仅以屌丝逆袭的皇帝刘邦为例,《史记·高祖本纪》记载刘邦:"仁而爱人,喜施,意豁如也。常有大度,不事家人生产作业。"刘邦能过这种花花公子生活,家里肯定是有底子的。又比如翻开肯尼迪家族的发家史,就知道偷卖酒出身的老肯尼迪如何为了他的儿子做总统而蝇营狗苟,讨好黑白两道。

当然,有人会说,也有一代就能实现逆袭的乌龟啊!比如黄光裕、马云、刘强东。但是你知道人家有多旷世的天赋,多强悍的内心,吃了多少苦,挨了多少刀,以及怎样的好运气吗?神话色彩过重的案例,从来不能成为现实生活的教材。对于我们绝大多数人来说,我们只是一个天赋不差、努力还行、运气还好的常规奋斗者而已。

对于纠缠于不满意的生活状态的普通年轻人来说,面对飞奔的"兔子们"的强大压力，没必要焦虑，更没必要放弃，不妨意识到代际积累的客观性，以温和端正的理性态度面对苦难和希望，通过不断实现合理的目标而实现个人成长，参与到代际积累中，为自己和后代更高质量的生活做努力，让自己和后代更有机会与"兔子"一决高下，乃至一飞冲天。

当然，可能我们努力一生只不过达到了更强悍竞争者的某一个父辈的水平，但我们起码让自己不断成长，有更高质量的生活，并为孩子创造一个更加优越的环境，让他们通过我们的积累而不生活得像我们那么辛苦。毕竟，我们没有给孩子留下一堆抱怨的借口，而是一堆可利用的机会。

达尔文说："存活下来的物种，不是那些最强壮的种群，也不是那些智力最高的种群，而是那些对变化做出最积极反应的物种。"对于渴望跑过兔子的乌龟来说，最务实且高效的办法，就是不慌张、不放弃、不偏执、不抱怨，一步一个脚印，保持自身稳步成长。

还有，面对飞奔的兔子，作为乌龟还要注意一点，乌龟绝大多数的时间不是在跟兔子竞争，而是在跟其他乌龟竞争。乌龟要赢的主要不是兔子，而是其他乌龟。而我们要赢的，不是与我们条件差异巨大的极品高富帅和白富美，是与我们条件相似的人。

跟我们抢保研名额的，往往不是学神，而是跟我们一样挣扎边缘的学酥们；恋爱中与我们实际竞争的，男女神并不多，更多的是与我们颜值相当的对手；求职的时候，很多二代们直接走"绿色通道"，并不与我们广大员工苦熬笔试和面试。

我们每个人有各自的圈子和层次。对圈外和同一层次外的过度敌意和对垒，是对我们极为有限的人生资源的巨大浪费。作为乌龟，没必要跟兔子较太多劲，因为我们实际上的对手不是眼前这个萝卜控，而是那一群在海滩跟你抢水母的大盖们。

另外，乌龟想要赢兔子，还有一个办法，就是赛点别的，比如游泳、养生、发呆。如果跟兔子拼跑步，就要完全面对跑步这项竞争中的历史背景和现实压力。但是，如果在别的方面可以规避短板，最大程度发挥自身的比较优势，则很有可能以更高效率地逆袭。例如忍者神龟。

屌丝要想以更高效率逆袭，要么干高富帅不能干的，要么干高富帅不屑于干的；要么在有技术门槛的领域做到出类拔萃，比如互联网新贵们；要么在一些艰苦复杂的环境中摸爬滚打，比如服务业、娱乐圈；要么有极强的能力鹤立鸡群；要么有强悍的定力忍辱负重。

不过，比起"兔子"密集的传统主流行业，高技术领域、服务业、娱乐圈等非传统主流领域代际积累的作用虽然影响相对小，但是依旧普遍存在的。不管拼什么，也总是有代际积累而来的更强悍物种遍布着。另辟蹊径不等于完美捷径，还是要有同面对兔子一样充足的心态和准备。

那么，现在有乌龟表示："我就是不能接受兔子比我跑得快，我也不愿意面对代际积累，我还不管下一代，我就是要超过不睡觉的兔子，而且我没有别的本事超过兔子，也不愿意干兔子不屑干的事，我该咋办？"我只能说："活该你当王八。"

冷静的判断，健康的心态，强大的执行力和稳定的耐性都是成功者的必备素质。尤其对于没有过硬背景、天赋稍好而非旷世、运气尚可的绝大多数奋斗者来说，它们更是极为重要的禀赋。如果这点自身局限和社会现实都不能理性认知和从容应对，别说赛过兔子，当一只混得好的乌龟都没戏。

逆袭这事，只有慢慢来才会很快。分享给大家达尔文的《物种起源》最后一段话：

> 当地球按照固定的引力法则持续运行之时，无数最美丽与最奇异的类型，即是从如此简单的开端

演化而来、并依然在演化之中；生命如是之观，何等壮丽恢宏！

> 你的层次决定了你能见到的风景

某出版社大编辑对我讲,她的女儿看《仕女图》感慨:"古人的那种惬意在今天已经没有了。"旁边的小编辑说:"历代《仕女图》都讲上层妇女的豪奢生活啊。那种惬意在今天还广泛存在于上流社会。不是社会没有惬意的生活,只是您没有让您的女儿过上,以及您的女儿自己也没有让自己过上那种生活啊。"我给这小编辑点赞。实在。

夜店中某女表示:"童话里都是骗人的,白雪公主跟七个侏儒同居,白马王子怎么可能还要娶她?真实生活中哪有女孩跟这么多男人搞过还会有高富帅娶她。"酒保秒回:"那可多了去了。人家白雪公主毕竟是公主,而且还是魔镜认可的'全世界最美的女人'。你这种搞多了肯定没人要,但是人家女神公主总是有接盘的高富帅排队娶。"这酒保屌。

某人总抱怨微信朋友圈都是微商和代购的，信封建迷信的脑残太多。天津爆炸，他不理解朋友圈怎么都是骂政府的。问我为什么朋友圈沦落得这么 low。我实话实说："我的朋友圈里没有'不转不是中国人''男孩必看十件事''burn down 原则'等。不是中国人的朋友圈 low，是你的朋友圈 low。"他不说话了。

我们总是抱怨这个世界遍布假恶丑，稀缺真善美。我们会感慨我们处于一个如何让我们失望的社会，我们会咒骂世风日下、道德沦丧、人心不古等。我们咒骂很多向往和期待都不再存在；我们感慨很多努力和追求都不会实现。总之，我们会认为，我们某些向往着的"天堂"已经不存在了。

然而，"天堂"还在，只是还没有我们的位置。当我们认为社会上已无真情的时候，无数人正在被真情温暖，只不过不包括我们；当我们认为武林精英断绝的时候，各路英雄正汇聚侠客岛巅峰对决，只不过没有我们的那碗腊八粥；当我们以最龌龊的想法揣测这个世界以最乏味的状态运行时，在一个我们不曾有机会领略的舞台上，一群风华正茂的佼佼者正大放异彩，高歌猛进，只不过这演出没有我们的门票。

公平的竞争、优雅的生活、纯真的爱情、宽容的老板、真诚的朋友、充满思辨精神的氛围、鼓励创新思考的环境等，一切我们期待拥有并抱怨不再存在的一切，都未曾离开这个世界。只不过我们碍于个人的主客观限制，没有机会接触、参与，甚至窥伺。

人和人之间是有层次差异的，层次间的风景也就有所区别。只有能力在山脚存活的蝼蚁，看到的只有山脚的草木；有能力爬到山腰的力士，可以领略到针叶林的气派；而有实力居于山巅的王者，则可以一览众山，俯瞰天下。你是什么层次的人，你才配什么层次的景。

很多人抱怨这个世界是个荒芜的沙漠，因为他们看不到参天古木，皑皑白雪，盎然生机。但是他们不知道，只是他们看不到而已，不等于不存在。在他们所处的那个层次，他所能领略的风景也只有黄沙滚滚，草木萧条。如果他们有幸攀登至一个新的高度，他们才会知道什么叫乞力马扎罗山上的雪，才会相信有那桃花盛开的地方，才会明白：不是风景没有，只是层次不够。

不是那个层次的人，便没机会领略那个层次的风景，便不容易相信那个层次的真实，更不能理解那个层次的存在。精致的利己主义者高呼"人不为己，天诛地灭"，他们不曾存在于一个奉献的家庭和学校，也便不能相信情怀，更大肆嘲笑有情怀者的坚守；饱受生活折磨的偏执狂坚信"人和人都是利用关系",他们不曾拥有一份感动和温馨,也便不能相信真情,更加奚落有真爱者的执着。

很多人,究其一生不过是从社会的四流混到了社会的三流,而他却把那当一流,因为他们连二流都没有见过。面对一个失望的世界,他椎心泣血地高呼:"一流的世界不曾存在!"他不懂,不要用自己匍匐的灵魂揣测巍峨的真实,不要用自己黑白的镜头解析多彩的社会。沙漠的那边,对苟且偷生的蝼蚁来讲还是沙漠,但是对搏击长空的雄鹰来说却是峻岭。

某些求职者奚落咨询公司是一帮"没有成功管理经验"的人在"拷贝PPT",但是他可能连"基本面"的概念都不懂,更无从得知咨询行业如何同客户共同成长;某些网民会谩骂"清华北大都是出国的汉奸",但是他可能连一个名校毕业的伙伴都没有,更无从得知国家的重点行业和重点领域有着一大批栋梁学子;某些文学爱好者调侃"杨绛的文章哪里好",但是他可能除了网络小说都没有别的阅读经验,更无从得知什么叫"不着一字,尽得风流"。

不是天堂不再,只是你深陷地狱;不是童话骗人,只是你皇帝新装。当我们用匍匐的目光窥测着诺亚方舟的时候,我们却自以为已经掌握了创世记。童话不曾骗人,只不过,我们可能只有资格经历血雨腥风的开头，却没有资格经历花好月圆的结尾。

请你相信，这个世界上有人过着你一直祈祷的生活。当我们对生活失望，没必要否定整个世界，因为可能只是我们和我们的圈子不那么如意；当我们被爱人背叛，没必要否定整个人性，因为可能只是我们和我们的伙伴有此心塞的过往。我们可能委屈，可能不服。但是，春天的故事有，希望的田野在，子弹还在飞奔，太阳照常升起。

比起没有机会领略到天堂，更悲哀的在于，当我们偶遇了天堂的时候，我们却不能正视天堂的存在。太多时候，我们宁可相信"天堂不存在，地狱才是真"，也不接受"天堂还在，但是没有我们"这个事实。当我们不曾拥有的美好在别人的生活中出现时，我们往往不是祝福、鼓励和支持，而是质疑、讽刺和批判。

"天堂如果在，怎么可能没有我？""天堂既然在，凭什么有你没有我？""天堂"的存在，极大地刺激了部分人的自尊心和优越感。当历经周章发现，基因、家境、天赋、运气等方方面面强过我们的人，过上了我们梦寐以求的日子，我们惶恐于自身的局限，也惶恐于自身局限的暴露。我们不能容忍自己的硬伤以如此昭然若揭的方式呈现到我们的面前。我们会尽可能质疑、否定和颠覆"天堂"的存在,这样,我们才不会显得那么无能和窘迫。

比如,很多男人过得不如刘强东,很多女人跟章泽天也没法比,但是俊杰和女神的"爱情标配"则是个别挣扎于生存线的单身狗不能坦然接受的。所以,他们会选择相信(或者说期待)这是交易,这是阴谋,这是一段不堪入目的感情。这样,他们自己的被淘汰和被边缘才会显得更加理所应当。

那么,我们是不是太消极太懦弱了?那么如果我们到不了天堂,我们就该自暴自弃吗?个人认为,对残缺生活的理性处理,是更具建设性的态度;对冷酷现实的坦然面对,是更具杀伤力的勇气。只有当我们认识到了"天堂还在,离我尚远",我们才能以更加健康的心态和稳健的步伐摆脱"地狱",趋向"天堂"。

天堂虽远,但总有人到达过那里。承认并相信美好生活的存在,是我们打拼美好生活的前提。自己不如意时,还相信"天堂",不放任自流;别人到达"天堂"时,不盲目质疑,让进取心战胜自尊心,点赞,学习,行动。如此,或许我们会距离"天堂"更近。

天堂虽大,但没有一个位置是多余的。不要抱怨自己距离天堂太远，只需积极反省和努力改变"还没有资格接触天堂，甚至还在挣扎于地狱"的窘境。人的层次不会为人的意志而消泯，人的差距不会凭人的意愿而消失。欲穷千里目，更上一层楼。

童话，美啊；天堂，远啊。梦想，有吧；朋友，干吧。听，彼特拉克曾在《寄往天堂的情书》中这样斗志昂扬地写道：

> 我仰望天使飞向的殿宇，
> 任凭芳馥了万年的温柔。
> 在那涧流波里逐渐消瘦，
> 独品着人间这最近而又最远的距离。

实力不行，少拿情怀说事

某985工科男给我留言讲，由于一直奉行"君子不器"，所以他在大学期间就没有好好学习专业课，而是看了很多文史哲之类的书，以至于成绩很烂，现在就业面临压力，为了他的"情怀"付出了代价。跟一哥们说这事，哥们说："'君子不器'强调的是君子不要过度工具化，是不仅仅技术高，还要有情怀。情怀是建立在本职工作基础之上的。他个不学无术的学渣拿君子情怀当什么遮羞布？"

一个做对冲基金的兄弟追妹子从未成功过，要约喜欢的女孩吃饭，找我求对策。我问对方喜欢啥，他说陶喆。我说那你就把关于陶喆的一切弄个如数家珍。他说："不就是追个妹子，多大个事，至于吗？"我呵呵。他补充："哥不能为了一个女孩就曲意逢迎，哥要找一个不需要委屈自己就能天然搭配的真爱,这叫真爱,叫情怀。"我无语。

某哥音乐才子,平时经常给对方骂一顿,然后说"对不起,我很直"。他认为他的这种"真诚直率"是一种关于纯真人格的情怀。终于,一个鼓手在被他公开骂节奏感烂之后说:"你能不能说话注意点?"文青回:"对不起,我就是坦荡一人。"鼓手说:"你这不是真诚坦率,只是没教养,不尊重人。能够不伤害别人的感情是能力,你能力不行老拿人品说什么事?"大家默默为鼓手点赞。

"情怀"这个词,已经被用滥了。它已经成了无数在某方面能力有硬伤,又不愿意通过努力改变现状的人逃避现实的遮羞布。越来越多的堕落、逃避、欺诈等等都包裹着一层各式各样的"情怀"的外衣。比起解决实际问题和改变现实境况的能力,新时代精神阿Q们开发琳琅满目的"情怀"的创造力明显势不可当。

情怀就像激素,帮助很多挣扎生计的乞丐成为人妖,让他们在形式上具备了万人追捧的女神模样。很多本该正视的问题和提升的短板,在情怀的包装下,成了不以为耻反以为荣的"事业""坚守""信仰"。在虚假"情怀"的大旗下,越来越多的不务正业变得理直气壮,越来越多的飞扬跋扈变得堂而皇之,越来越多的临阵脱逃变得可歌可泣,越来越多的幼稚可笑变得光辉闪耀。

太多逃课 dota 被包装成了"追求恬淡的生活",多少挂科退学被表演成了"沿着乔布斯的步伐",很多逃避家庭责任被展现为"不向世俗低头",众多玩物丧志被标榜为"坚守儿时梦想"。每个矫情的公主病或者直男癌都叫嚷着坚持追寻"要一个包容我一切"的真爱,人格上有欠缺的愣头也都坚决要捍卫自己"拒绝虚伪,做一个好人"的信念。

用情怀来掩盖无能,是新时代阿 Q 精神的光辉典范。为什么我们会热衷于给自己披上一个情怀的外衣呢?因为大多时候,我们无能,懒惰,而且虚荣。因为无能,我们不得不用繁重的努力来弥补自身短板;因为懒惰,我们又不愿意承受高强度的生理和心理压力获得应有的进步;因为虚荣,我们既不希望别人看到我们的无能,又不希望看到我们懒惰。

于是,我们诉诸"情怀"。我们总是需要一些廉价的精神鸦片来麻痹真实自我带来的痛苦,这痛苦包括明显无能的耻辱、沉溺现状的焦虑、面对责任的懦弱、认清现实的惶恐、吹弹可破的虚荣、苦心经营的体面等等。

当满是精神压力的我们拿"情怀"说事的时候,我们会感受到一种前所未有的舒坦,因为"情怀"把我们的一切"不行""不能""没机会"都变成了"不屑""不值""无所谓"。我们披着情怀的外衣，就可以对我们明摆着的短板说，"我不想要而已"；或者对我们不可推卸的责任说，"我不向世俗低头"。

情怀泛滥的背后，是对责任的漠视，对问题的逃避，对虚荣的向往，对努力的排斥，对侥幸的期盼。毕竟，当我们在一条路上艰难跋涉或走不下去的时候，有什么比否定这条道路和一切努力更让我们内心好受的呢？

比起辛苦地磨炼技能赚钱养家，我们直接以精神高贵者的姿态否定财富的意义不是更轻松吗？与其我们刻苦磨砺为人处世的品格和技巧，直接"不向虚伪的世界低头"，进而活在我们自以为是的幼稚世界不是更轻松？既然数学公式那么难搞，工程技术那么晦涩，每天读两本普及性的人文读物，一边显得自己特别，一边奚落学霸，岂不是提高幸福指数多快好省的捷径吗？

于是，我们越来越爱拿"情怀"说事了。有的人可能连投行面试机会都拿不到，就鼓吹投行浮夸，精致利己；有的人可能连一点基层问题都处理不了，就鼓吹公务员腐败，求稳懦弱；有的人可能连一点数学能力都不存在，就否定科研意义，鼓吹高分低能。随着用虚假的情怀来自我保护和攻击强者，我们渐渐熟练掌握了情怀使用法则。渐渐地，维系我们自尊心和存在感的，竟然是我们的无能、懦弱和逃避。

蔡康永有一个关于"梦想"和"妄想"的论述："如果一想到就怨怼、就不甘、就掉进无力感，那只是一个和我们实际人生无关的妄想。如果一想到就来劲、就迫切感到有事要做、有东西要学、有障碍要排除的，那才叫梦想。"同样，如果你一想到你的情怀，就是疲倦、惶恐、抱怨，那就是虚伪的情怀；而如果你想到你的情怀，满满都是切实可行的操作、清晰可见的方向、按部就班的前进，那是真的情怀。

情怀的基础，从来不是无能、懦弱和逃避。情怀的前提，从来都是实力、勇气和担当。一切真正的情怀，都是以勤勉努力、踏实进步、及时内省、当仁不让为表现形式的。平心而论，当我们拿情怀说事的时候，我们内心深处到底是为复杂的人际关系抓狂，还是真的对真诚直率向往？我们内心深处到底是对财富和权力不屑，还是我们不敢面对自己能力的平庸，出身的平凡？我们内心深处到底是肯为了艺术和文学义无反顾，还是只是我们无奈于数理难题，智力和精力的硬伤？

实力不行，少拿情怀说事。要么醒来，要么睡死。一切用"情怀"当自身能力和品质遮羞布都是可耻的和可悲的。

泛滥的虚假情怀不仅伤害了真正情怀的高贵和尊严，也伤害了自己的品性和未来。如果你嫌自己掩耳盗铃的嘲笑声还不够大，想想那一句：

"读书人的事，能叫偷吗？"

一切圣母心都是绿茶婊

师姐开饭馆。两大叔用餐后拒绝买单，跟师姐诉苦说："我们做体力活的工人不容易，不像你们开饭馆赚那么多钱，这次就算了吧。"师姐果断拒绝。旁观的"圣母心"客人指责师姐说："你这老板娘真是的，人家打工容易吗？你就当做好事不行吗？"师姐回："那你给他们埋单？""圣母心"不说话了。

前几天去医院被插队好几次，我在朋友圈吐槽总插队那人"又穷又丑又不守规矩"。旋即被教育"你应该理解弱势群体的无奈""你该做的不是在这里发什么朋友圈刷存在感，而是心平气和拿出你所谓的高素质引导他们"等等。我呵呵，被插队了吐槽都不行，必须得当场理解和认同？

一师兄坐地铁，被一中年妇女踩了却被骂"瞎"。师兄理论，对方开打，师兄报警。警察了解情况之后，竟然对师兄说："她这么大岁数，你怎么忍心跟她动手？"师兄说："她打我，我就正常防卫。"那警察说："她再怎么打你能有多疼，你还手一下她能受得了吗？"师兄无语，结果是他赔点钱了事。

类似案例，三天三夜说不完。"圣母心"泛滥于我们生活的方方面面。日常生活中，"你强你理亏""谁穷谁有理""他多不容易""你牛你不该"等等琳琅满目的道德绑架层出不穷。

"圣母心"评定是非对错的标准不是制度、法律、规则和基本共识，而是双方的社会地位、经济状况、学历背景、家庭出身等。哪一方各方面条件更强，哪一方就是过错方，就应该承担纠纷责任和负面结果。即"谁弱谁有理，你强你担责"。

在圣母心看来，即便在纠纷中弱者是过错方，甚至应该负全责，但是强者一方也不能有权益维护、补偿索取、表达不满等等合理合法的权利和情绪诉求，而应该在第一时间包容理解，体谅同情，甚至要思考其伤害你的历史社会诱因，帮助他们摆脱贫困落后的境况，以及帮助他们建立完善的道德行为规范。否则，就是仗势欺人，为富不仁，恃才傲物。哪怕纯粹的情绪发泄，都可能被打上"歧视""霸蛮"的标签。

很多人基于法律和道德最起码的正当诉求，都被"圣母心"们大加挞伐，仅仅是因为他们的各方面条件更优越，他们便不能有正当的权益维护和情绪发泄。"你凭什么索赔，你开的是宾利""你为什么要赔偿，你又不是缺钱""你吼什么吼，小孩子也不是故意的""你有什么资格投诉，你又不懂他们多辛苦"。

更有甚者诸如"被某个违反交规的电动车把车子刮了，为什么要发朋友圈吐槽呢？你难道不该思考一下弱势群体的生存现状和历史成因吗？""那些人贩子拐卖妇女，为什么要判重刑呢？你难道不应该体谅他们也是贫困人家走投无路吗？""那个开水浇顾客的服务员，为什么要对他法律制裁呢？你难道不应该体谅他是一个家境贫寒的未成年人吗？"

总之，在"圣母心"的眼中，一切是非对错和法律道德，都应该让位于对弱者无条件的包容、同情和理解，以及帮助、鼓励和引导。

有一件重要的事情要说三遍：一切圣母心都是绿茶婊；一切圣母心都是绿茶婊；一切圣母心都是绿茶婊。

一切圣母心都是绿茶婊。"圣母心"给受害者增添了二次伤害。"圣母心"让本就因违法违规的受害者，再次遭受舆论暴力以及舆论暴力带来的物质和精神损失。

一切圣母心都是绿茶婊。"圣母心"纵容和宠溺着人性中的丑陋部分。"圣母心"用"强弱贫富"掩盖了"是非对错",让为非作歹有了"道德筹码",也让懈怠行政有了"民意借口"。

一切圣母心都是绿茶婊。"圣母心"阻碍着公民社会的建立和发展。"圣母心"扰乱着价值判断,践踏着法治精神,模糊着道德边缘,撕裂着社会共识。

"圣母心"们认知问题,往往不是建立在理性、逻辑和实证基础上,而是建立在情绪、冲动和直觉基础上。他们往往是有一个破碎的逻辑,配合上几个凄惨的故事,然后形成一幅对社会扭曲的认知,便对他人进行野蛮的裁决。

"圣母心"们选择立场,往往不是基于社会公义,而是基于个人境遇。很多"圣母心"与违规违纪者的各方面境况相似,同时也是一个不尊重规则的人,有着强烈的"角色代入感",他们摇旗呐喊的潜台词就是:"以后我也会这样违规,你不能骂他,所以你更不能骂我,社会要包容我原谅我纵容我。"

"圣母心"们获取快感,往往不是源于解决问题或者"弱者被保护"，而是源于优越感和虚荣心。很多"圣母心"自认有过人的"道德"和"理性"，并且要通过对"弱势群体"的"拔刀相助"表演出来。他们只想传递这样一个讯息："我能懂你们所不懂，容你们所不容。给我点赞，向我学习，我最棒。"

"圣母心"们自己有着根深蒂固的歧视，却栽赃别人。"圣母心"们将"穷""弱"等境况同不守规矩等负面言行建立起理所应当的联系，认为"人弱就可以无礼"。然而，这自以为是的"正义"，就是对弱势群体的歧视。没有任何视角下的弱势群体，整体上会认同自身的短板可以被天然看作某种道德缺失的源头和理由。

"圣母心"们只是在外围摇唇鼓舌，一旦身临其境则逃之夭夭。他们指责当事人不能够包容、体谅和牺牲，然而当这种牺牲和奉献落到自己头上的时候，他们则搪塞躲闪。比如"天津爆炸案"后马云被逼捐，网上谩骂马云不捐款的人被问及自己是否捐款的时候，则闪烁其词，"马云有钱我没钱，我捐那点也算不了什么。"

"圣母心"们牺牲着别人的情绪和利益，维系着自己的优越感和表现欲。比起弱势群体和受害者的得失和利益，他们更关心自己的言行是否获得了点赞。他们将一切规则、情怀、道德当作道具，鼓吹牺牲，歌颂包容，围攻维权，指摘情绪，通过打压他人的利益和情绪，来展现自己"高人一等"的"眼界"和"胸襟"。

我们从来不认同任何视角下对弱势群体的歧视、欺凌和压榨。但是，对弱势群体的保护和扶持，坚决不能以牺牲道德法制和规范共识为代价。"圣母心"一旦泛滥，社会共识和制度保障受损，最终受害最大的还是缺乏保护、势单力孤的弱者。

何况，当人们被违背规则的人伤害时，人们只是想基于法律和道德获得起码的利益补偿和情绪排解。作为受害者，很多人缺的不是那几百元钱或者一声对不起，而是对人格起码的尊重，对情感起码的在乎，对社会共识起码的坚持而已。

而且，我们每个人在某些视角下都是一定程度上的"弱者"，我们自己也可能随时被"强者"歧视、欺凌和打击。所以我们更要建设好维系社会公平正义的每一道屏障。毕竟，通过社会阶层来进行善恶划分导致的民族难民依旧尸骨未寒。历史雄辩地证明，在一个法治精神和制度缺失的国家，每个人都将是弱势群体。

面对"圣母心"我们怎么办呢？我的经验只有躲。不过，比起如何应对圣母心，我个人感觉对年轻人来说，"避免成为圣母心"似乎是一个更有操作性和更有现实意义的事情。以下是笔者从一些前辈名师那里请教来的一些经验，分享如下：

第一，在不了解某个纠纷来龙去脉的情况下，作为旁观者，要尽可能避免主动给任何一方道德判断和指导意见。对于绝大多数年轻人来说，我们对自己认知水平的判断，远高于我们认知的实际水平；我们对自己情绪波动的掌控，远弱于我们情感的实际波动。血气未定又成长有限很容易被我们有限的认知、浮动的情绪、错位的直觉所奴役，从而贻笑大方，误导他人，甚至伤害别人，酿成不好的后果。

第二，通过不断地学习知识，参与社会，总结思考，建立一个理性、冷静、健康、稳定的价值判断系统，让"圣母心"缺乏偏执、草率、盲目的精神土壤。"圣母心"根源于认知能力有限，而在知识结构、人生阅历、思想深度等方面的努力，则会让我们形成一个可靠的价值观。这样我们在面临很多私人纠纷、社会问题、历史悬案等的时候，认知和处理都能做到既有人文主义关怀，又能够不失现代文明精神。

第三，对多年被灌输的言论和群体舆论的导向抱有警惕。如果我们还不能够保证独立思考，起码我们要做到克制盲从。

这一方面是基于无数经验和教训支撑的对"乌合之众"的反感，一方面是基于对我们是非判断力和言行自控力的质疑。在被灌输某理念或者围绕某说法的驱使下，我们会把很多事情认定为"理所应当"或"应该这样"，从而对某个问题做出极为自负的言行。

总之，一切圣母心都是绿茶婊。最后与大家分享胡适的一段话：

> 一个肮脏的国家，如果人人讲规则而不是谈道德，最终会变成一个有人味儿的正常国家，道德自然会逐渐回归；一个干净的国家，如果人人都不讲规则却大谈道德，谈高尚，天天没事儿就谈道德规范，人人大公无私，最终这个国家会堕落成为一个伪君子遍布的肮脏国家。

> 有些人
> 纵有神刀在手，
> 也难为刀神

某男的女友找到了更高帅富就把他甩了。此男表示再也不相信爱情。他认为爱情中充满的只有欺骗、伤害、利用等。后来又遇到了一个真爱，万般虐狗。他表示："爱情还是要信的，万一遇到了呢。"以及，"不是爱情不该信，只是某些人不该信。"

坑人的不是爱情，而是披着爱情外壳的丑陋人性。我们不是错信了爱情，而是错信了人。跟贱人组建任何关系，包括不限于爱情，都不值得相信。跟值得的人组建任何一段关系，包括不限于爱情，尤其是爱情，都值得信任。总之，不是爱情不值得相信，是某些人不值得相信。或者说，你信的某些人不该信。

小洛克菲勒去教堂祈祷，有个乞丐也在那祈祷。乞丐对小洛说："洛克菲勒先生，你知道吗？财富是万恶之源。《圣经》里面记载：'富人进天堂就像骆驼穿过针眼一样难。'"小洛克菲勒呵呵，答："财富在我手里不是万恶。我没有财富，我只是替上帝管理财富。"

如小仲马在《茶花女》中说："金钱是好仆人和坏主人。"金钱怎么样，关键看在谁手里。比如，"男人有钱而变坏"。很多男人有钱也没有变坏，钱都乖乖给老婆，为数不多的私房钱也是给老婆过生日惊喜用；而很多男人穷得叮当响了，哪怕有一分闲钱也会去酗酒赌博嫖娼。总之，不是金钱万恶，而是我们内心有万恶。

某哥们二本考研进一本硕，然后再考博进某985。临近博士毕业，他发现他的很多本科同学以及很多不读大学的高中同学都已经混得比他好多了。他抱怨："读书有什么用？"但是他又发现，很多跟他一样当年读书的混得比他好更多。他感慨："不是读书没用，是我读书没用。"

很多人抱怨读书无用，发现自己读书并没有比不读书的伙伴们过得更好。有两种可能：第一，你本就不适合走读书这条路，要么你耽误它，要么它耽误你；第二，你已经通过读书获得了人生最优解，你要是不读书，只会更惨。总之，不是读书无用，而是你读的书没用；或者，是你没用。

古龙的《圆月弯刀》中，男主丁鹏总结江湖："有些人纵有神刀在手，也难成刀神。"纵然上天把神刀放在手上，我们也未必能成刀神。不是神刀无用，而是我们不行。手握神刀没有如愿"成为刀神"，很多时候只是因为我们太弱，以至于还不能驾驭上天赋予的机遇和苦难。然而，当我们没有如预期"成为刀神"的时候，往往第一反应是咒骂神刀，抱怨秘籍，而不是反省自己的任督二脉、马步长拳。

毫不否认，一系列非我们自己可控的外部环境，人和事会给我们的人生境遇造成很多违背公平正义的结果。我们对时而出现的害群之马，包括坏老师、坏老板、坏警察以及个别坏制度等，有天然抨击的权利。

但是，我们一方面常常将所有问题都归因于"害群之马"们，将自己择得一干二净，无辜得不得了；另一方面习惯甚至依赖推责任和找借口，将本来很多不是"害群之马"的常规力量，甚至是恩赐力量，划归到"害群之马"，不惜否定美好的人和事来服务于我们对责任的推卸，哪怕它是我们的至亲至爱、人类的最美情感、社会的进步力量。

《圣经》里讲，人类在吃了禁果（有了智慧）之后做的第一件事，就是推卸责任。《圣经·创世记》（3:11-13）记载，耶和华质问亚当："莫非你吃了我吩咐你不可吃的那树上的果子吗？"亚当说："你所赐给我，与我同居的女人，她把那树上的果子给我，我就吃了。"——即便当年对夏娃高呼"你是我骨中之骨，肉中之肉"的深情亚当，遇到麻烦时第一件事就是推卸责任，出卖伙伴。人类堕落，自此开始，千百年来，大约如此。

我们很多人的一生就是由无数个借口拼凑成的。小时候学习不好怪"老师都办补课班"，上课淘气怪同桌不好好学习，考大学有障碍怪高考制度有问题，谈恋爱有麻烦怪女人就喜欢无理取闹，结婚有压力怪现在人太现实，找工作不顺利怪社会都是看关系，工作辛苦怪领导水平太低，自己的前途迷茫怪体制问题，身体健康出了问题怪医生都不好好看病，自己的孩子学习不好怪学校就知道收钱，等等。总之，我们很多时候习惯于抱怨。所有人生经验往往汇聚成一句话：这事真不怪我。

对自身反省的缺失，归根结底是无能。这无能不仅包括应对社会的残缺技能，也包括应对自身的脆弱内心。我们将责任滴水不漏地推给外部，因为我们一方面窘迫于自身的无能，一方面又要羞愧于无能这个现实。我们已经无力面对一个不堪承受的世界，我们更无力面对一个很弱很弱的自己。

我们很多时候要通过推卸责任，让自己显得没有那么差。父母通过责怪老师不负责任，让自己的孩子显得没有那么笨，自己没有那么疏于管教；学渣通过怪学校教的都是没用的，让自己显得没有那么不善于学习，没有那么不务正业；屌丝通过怪社会不公，让自己显得生存能力没有那么低，求偶能力没有那么差。总之，推卸责任让我们精神上过着如此轻装简行的生活。

推卸责任会上瘾。它让我们不知不觉对自欺欺人不能自拔。让我们在无休止的抱怨中，以清白无辜的形式堕落。推卸责任还会蒙蔽我们的眼睛。它不仅让我们错判生命中的机会，还错过生命中的美好。当否定了亲友、爱情、教育制度、社会平台的时候，我们如何能够正视他们的存在，拥抱他们的温存，撷取他们的甜果？

强者善于反躬内省，弱者善于怨天尤人。是否习惯于推卸责任和寻找借口是衡量和预测一个人层次的可靠标准，面对问题首先推卸责任的人抱怨越来越多，越来越成为社会负担。而习惯于在问题面前首先发现和克服自身缺陷的人，越战越勇，越来越强。

有些人纵有神刀在手，也难成刀神。不是刀不行，只是我们还不行。一味抱怨刀锋不利，秘籍残缺，不如扎起马步，埋头苦修。最后，分享一句林肯的话：

　　每一个人都应该有这样的信心，人所能负的责任，我必能负；人所不能负的责任，我亦能负。如此，你才能磨炼自己，求得更高的知识而进入更高的境界。

活出自己前照照镜子

某编剧座谈会。一妹子说自己梦想是做编剧，某编剧劝她别乱想。妹子表示要活出自己，就当编剧。然后编剧问她平时写什么东西没有。妹子说一直在写，只不过没人看，放到网上也没人点击。编剧说："你都不能让别人点击，你还想什么当编剧。想当编剧的在你这个年纪写东西肯定已经有人看了。别活出自己了，还是活成别人吧。"

这盆冷水，满分。

郭德纲一次在相声中说："很多人说我把很多孩子坑了。说很多人看我火了，都不好好学习不好好工作，都想着来说相声。这里我跟大家说清楚，光看见贼吃肉了，谁看见贼挨揍了。我们这行狼多肉少，真不好干。别每天想着像我一样，你知道我这么些年经历多少事。另外，二十多年了你都没想过说相声，看我火了你要活出自己为艺术献身了。滚！"

这个打脸，响彻。

有一亲戚，备战高考时候，他要活出自己，拒绝应试教育，拒绝好好备考；恋爱时候，他要活出自己，直男癌，"我就是这样人""我不会为了谁妥协什么"；求学期间，他要活出自己，逃课、dota、挂科，"我不要去学那些没有用的知识，混社会最重要的是能力"；工作期间，他要活出自己，拒绝妥协让步隐忍，各种跳槽，"我不是一个泯灭个性又阿谀奉承的人！"

这个例子，典型。

"活出自己"作为红遍大江南北几十年而不褪色的鸡汤口号，哄骗过无数失意青年，折腾过无数操心父母，破碎过无数稳定家庭，创造过无数闲散人员。

曾几何时，多少自命不凡的登徒浪子，看了几本书，读过几首诗，听过几首歌，会了几个和弦，就幻想仗剑天涯，一骑绝尘。他们梦想自己手握一把破木吉他，未来成为半壁江山，前有诗和远方，后有一群傻丫头高喊"流川枫，流川枫，流川枫"。

都看见贼吃肉了，谁看见贼挨揍了。他们不知道，"活出自己"的门槛很高，不是何种天赋都跨得过；"活出自己"的开销很大，不是哪个层次都玩得起；"活出自己"的风险很大，不是随便谁就扛得住。

"活出自己"的核心价值在于鼓励当事人立足已有的客观条件，最大程度发挥主观能动性。这句话本身没有问题，但是具有一定的误导性，在实际操作中，很容易就走形，被不谙世界的孩子或老屌丝执行偏差。部分人过分夸大自己的主观能动性，误认为自己已具备对抗外部生存压力、逆转宏观人生设定、实现别样人生辉煌的资源和禀赋。

如果你此生放荡不羁爱自由，想摆脱课业压力、职场斗争、报酬制度、人际压力等，则需要过人的先天禀赋、智商、才华、家境、心态等。想仅仅凭借一腔热血就想闹翻天是非常难的。成功者有，但绝大多数都是炮灰了。我们有时候只看到了皇冠上的明珠，却忘记了宝座下的白骨。

而实际上，很多人的天赋、出身、背景、环境，并不足够让他具备"活出自己"的客观条件。比如，不是你喜欢唱歌，唱得还不错，全村人都为你鼓掌，你就可以成为黄家驹；不是你热爱扯淡，大家都觉得你很逗，给你朋友圈点赞，你就能成为郭德纲；不是你喜欢写诗，师弟师妹赞叹几下你是个才子，平时精神不正常点，对女朋友有暴力倾向，你就能成为顾城。

首先，可能是幼稚。我们往往在没有清晰评定自身状况和行动风险的情况下就贸然行动，并且打着"活出自己"的精神旗帜睥睨众生。结果是：有才的没几个，怀才不遇的遍地都是。很多人各方面事实上很平庸，却总想着"活出自己"，偶尔获得了一些掌声就要另辟蹊径，抛家舍业，结果最后落魄潦倒，高呼怀才不遇。回顾下来，"活出自己"的很多人，他们诗歌的核心技术，不过是空格键；他们音乐的核心技术，不过是摇头丸。

其次，我们可能是无耻。除了盲目的"活出自己"之外，还有一种就是披着"活出自己"的外衣，干着蝇营狗苟的勾当。想逃避现实，推诿责任，投机倒把，不劳而获。上《中国好声音》的高呼："活出自己，热爱音乐。"说一大堆，其实就俩字——想红！他只是想如吴莫愁一样一夜爆红，凭借伏地魔的脸，赚着哈利·波特的钱。

另外，我们可能是无知。你对自己满意吗？你照照镜子都活成什么样了，还天天嚷嚷活出自己。很多人的失意，比如穷困潦倒，碌碌无为，恰恰是因为自己身上一些自认为了不起的东西，比如"独立"（飞扬跋扈）、"勇气"（目无规矩）、"真诚"（粗鲁放肆）等等。你所谓的"活出自己"，只会让你更加流于粗鄙、狂妄、放纵，更不被文明社会所接受，更加没有成长和发展空间。你确定你还要将粗陋不堪的自己进一步极端化？

总之，我们要把"活出自己"和拖延懈怠、推诿责任、逃避现实区分开来，还是很难的；我们要把"活出自己"和不务正业、见异思迁、异想天开区分开来，还是很难的；我们要把"活出自己"和好高骛远、眼高手低、夜郎自大区分开来，还是很难的。

"活出自己"的我们，会不知道自己获得的一些礼貌性的"赞赏"有多么脆弱，也不知道自己坚持的一些概念性的"能力"有多么平凡。"活出自己"的我们会用逃避维系虚荣心，用自欺支撑优越感。一方面坚决避免成为自己鄙视的人，一方面又发现自己的过去如此让人鄙视。

本文不是纯粹打击"活出自己"，而是提示两点：第一，你到底是真的要活出自己，还是逃避和推诿。第二，你的现实情况适不适合活出自己，活出并保存自己的成功率高不高，风险大不大，成本高不高。注意，你很有可能要么在高估自己，要么在逃避自己。

老天有眼，也会看脸

有个女孩问我："你能不能告诉我，看脸到底有多重要？"问了好多次，我都没有回复。后来她又给我留言，问："你为什么不回复我？"我实在不堪其扰，就告诉了她心里话："就因为你太丑了，我连回复都嫌烦，你说看脸多重要？"她不说话了。

还有一次某妹子吐槽说，看上了一个男孩，但是男孩选择了另一个女孩，原因仅仅是因为另一个女孩比她漂亮。我好奇俩人差距多大。她发了那个美女的照片给我看。我没有说话。她继续吐槽一大堆，反复跟我说这个男孩多肤浅，问我的看法。我静默良久，说："听你说了半天，我只有一个问题想问你。"她说："什么问题？"我说："你有那个美女的微信号吗？求一个！"她不说话了。

还有一次一个女孩吐槽，说："为什么男人都那么关注女孩外在，难道不是应该看内在吗？"我说都看。她说："不对。我妈从小不是这么教我的。"我问："那你妈妈年轻时候是美女吗？"她说："一般，不算。"我问："那如果你妈妈是美女，你觉得你妈妈还会嫁给当年的你爸吗？"她默而不语。

以上三个对话，我常作例子用来服务于这样一个话题：看脸时代。

"当今是一个看脸的时代"，这话有些问题。问题有二：第一，不是仅仅当今是一个看脸的时代，而是所有时代都是一个看脸的时代。爱美之心，人皆有之；男帅女靓，从来瑰宝。第二，人类远远没有这句话描述的这么肤浅，因为人类，尤其是男人，不仅看脸，还看胸、腿、腰。所以这句话更准确的表达应该是：当今时代就像所有时代一样，是一个重视个人外在形象的时代。（这里我们将"看脸"作为"在乎外在"的整体概括。）

抛开作为优质基因追求和传承生物学的意义，美丽的外表本身就是一种稀缺资源。这种稀缺资源获得社会的认可并配置与之相对应的资源匹配是天经地义的。换句话说："靠脸吃饭，天经地义。"亚里士多德对弟子们说："俊美的相貌是比任何介绍信都管用的推荐书。"就像智慧和健康一样，美貌是一种值得开发和利用的天赋，并可以为拥有美貌而自豪。作为同样父辈的最原始馈赠，美貌的定位丝毫不应该低于智商、健康等其他先天禀赋。

但是，人们往往更坦然接受智商等带来的先天差距，以及在此差距基础上不同社会资源的获取和社会地位的占有，却无法接受美貌带来的精神落差和物质差异。我们没有人听说："他凭什么？他不就是聪明吗？"但是却经常听到："她凭什么？她不就是漂亮吗？"

是的，就凭这个，就凭她漂亮凭他帅。纪伯伦说："我们活着只为的是去发现美。其他一切都是等待的种种形式。"就像凭借先天的智力优势一样，凭借美貌优势在社会上获取更多的机会，支配更多的资源，本就是一件毫不耻辱的事情。因为需要智力的社会，同样需要美貌。而且在智力普遍发育健硕的文明时代，美貌反倒是更为稀缺的资源。

我们不仅仅需要智力和健康来支撑生活，我们更需要美貌来感受生活。真善美，美从来就是人类最高追求的部分。毕竟，人们在还没有科学的时候，就已经通过外貌来择偶了。即便在遥远的古希腊古耶路撒冷，男女的美貌从来都被视为是神的馈赠，并且是选拔祭司的关键指标。大熊猫会游泳，能上树，速度堪比老虎，力量如同棕熊。但是人家卖个萌就能当国宝,千万人来递竹子,干吗要活得那么辛苦啦?

曾经一个学妹让我评价一个妹子怎么样,希望帮忙介绍对象。她发过来一大堆女孩自述。我说有照片吗?她说没有。我说没有照片不好介绍。师妹很不解,觉得我肤浅。说爱情就应该是只看内在,重视人品学识,而不应看美貌。我问:"你告诉我什么叫'真爱'?凭什么看人品就是真爱,看外貌就不是真爱?刺激爱情都是荷尔蒙分泌,多巴胺喷射,凭什么靠脸就要比靠内在矮半截?黄渤吹拉弹唱,让你跟他在一起感到开心;吴彦祖啥都不用干,往那一站你看着就感觉幸福。你告诉我谁高谁低,谁优谁劣?"师妹想想,觉得有道理。毕竟,吴彦祖确实太帅了——美貌就是生产力。

而且,一个人容貌的形成,不仅仅就是先天基因的结果。对美貌的认可,除了美貌本身,更是对其背后支撑力量的认可。美貌是稀缺资源,这种维护本身就是高消费的:财富、教育、知识。一个人的容貌是后天的家庭环境、教育背景、社会经历综合作用的产物。

古人云:相由心生。一个人的容貌本就是一个人内在修养的外在表现。多年的家庭、教育、经历都会对一个人的外在形象做出影响。凡有所学,皆成性格,凡有性格,皆当容貌。一个家境优良、教育完备、经历幸福的人一般不会丑到哪去。

即便是先天五官再吃紧，也并不反感，所谓"腹有诗书气自华"，大约如此。

作为一个人全部生活总和的综合产物，美貌昭示着其背后的高消费维持：财富、精力、体力、时间方方面面的积累。这就像说一个常年拥有八块腹肌的男人或者魔鬼身材的女人，他们为了保持身材付出的努力是很多人难以想象的。而他们支撑其良好身材的自控力、毅力等优秀品质，也将会对他们在学业和职场大有裨益。所以我们发现处在风华正茂的年龄时，帅哥美女的事业大多发展得风生水起，人生赢家一般都是外貌上说得过去的。

漂亮女孩和帅哥性格太差的真没见过多少，因为他们从小被呵护，爱的雨露滋润多年更容易个性阳光，受人欢迎。反倒是从小因为丑在嘲笑和奚落中成长起来的孩子，无论男女，都会在自尊心上更敏感一些，容易产生一些交际问题。相貌堂堂的犯罪分子没见过几个，狰狞猥琐的魑魅魍魉真是一抓一大把。这里并不是说好看的人就一定人好，更不是说丑的人就一定人坏，只是在强调美貌和好个性的一种高度相关。而这种相关性足以让我们坦然拒绝通过美貌获得机会或者资源的耻辱感或者罪恶感。

很多人会说，"你这个贱人，你就是在歌颂帅哥美女，打压丑人。"说心里话，我也是丑人，而且是真丑的那一种。作为丑人，我写这些是想对一切蔑视美貌、反感对美貌的推崇、抨击美貌带来的机会和资源的朋友们说："我们要合理看待美貌，纵然不推崇，但是完全没有必要否定。"我们一方面要正视美貌的存在价值和积极意义，另一方面要坦然接受美貌持有者通过美貌获得的一些机会和资源。因为只有我们正视了一种稀缺禀赋存在的合理性以及与之相关的一系列社会机制，我们才能更好地面对、开发和利用这些禀赋以及它们的持有者和与其相关的社会机制。

我们是不是就要一味追求美貌呢？这个我倒觉得不是。因为首先我们不可能通过后天的努力，在美貌上来实现与先天领先我们很多的人对等——郭德纲再努力，也不可能帅过林志颖。但是，我们在正视了美貌的意义和相关机制之后，可以通过一些努力来提高自己的外在形象，进而提高生活质量，比如健身、运动、化妆、整容等。这里每种方法都有其不同的风险和成本，每个人在提升个人形象方面采用的形式以及为此形式要付出的代价和努力也不一样。社会不要求每个男人都不择手段去帅如黄晓明，每个女人都机关算尽来美如范冰冰，但是我们终究是可以通过读书、运动、化妆等低成本低风险的个人努力，在外貌基础水平之上提高自我的。——至今我依旧认为，比起通过埋头准备考试获得的机会，通过提升个人形象获得的机会丝毫没有低下。

对于样貌差距并不是特别大的人来说，帅哥美女和丑人也不一定在五官的先天构造上差距多大。真正拉开差距的往往是后天的保养和修炼。日积月累、有意识地维护外貌是造成"贫富差距"的"罪魁祸首"。以今日之保养技术、塑形机会和读书渠道，绝大多数人是可以具备一个不差的，这样起码不会特别限制自己的机会和发展外貌。很多人在外貌上被甩开进而丧失一些机会和资源，归根结底是不能够正确认识美貌的价值以及相关机制，或者意识到了但是没有足够的自控力和毅力来通过努力获取外貌，从而放纵自己的容颜。当别人通过合理作息、运动健美、保养皮肤等获得了远高于你的外貌，而你却拖着死宅而来的一身赘肉和酒吧熬夜而来的一脸痘痘抱怨"社会肤浅，只知看脸"，请问这合适吗？哪个干洗店给你惯出来的一身欠熨的褶子？

当然，很多人会举出无数不具有美丽外貌，但是对历史、对社会做出巨大贡献的人，比如耶稣、钟无艳、拿破仑、马云。以及举出无数具有美丽容貌但是对社会造成破坏或者败坏社会风气的人，比如纣王、赵飞燕、汪精卫。还会举出无数"美貌易消逝""美貌易招灾"等攻击美貌的论述，甚至"美是主观感受还是客观存在"的哲学讨论。我觉得在这些问题上做情绪化的纠缠完全没有必要，任何逻辑上的胜利和言辞上的压倒，都不会改变因为"先天不足且后天放纵"而丑的这一基本事实，以及错失很多良机和资源的诸多事实。我们与其在面子上争个面红耳赤,不如在现实上做到齐头并进。

我作为一个丑人来表达这样一种看待外貌的观点:我们要正视美貌的价值以及与之相关的机制,从而积极通过一些个人风险和成本,在可承受范围内的努力来提升自己的个人形象,从而让自己获得更高质量的生活。

老天有眼,也会看脸。最后,我以美国诗人爱伦·坡的《致海伦》部分段落作为全文的结尾:

> 海伦,你的美在我的眼里,
> 有如往日尼西亚的三桅船,
> 船行在飘香的海上,悠悠地,
> 把已倦于漂泊的困乏船员,
> 送回他故乡的海岸。
>
> 早已习惯于在怒海上漂荡,
> 你典雅的脸庞,你的鬈发,
> 你水神般的风姿带我返航,
> 光荣属于希腊;
> 伟大属于罗马!

貳章 在正该不服的年纪，别选择凑合

在正该奔跑的年纪，你选择了匍匐；
在正该不服的年纪，你选择了凑合。
于是乎，你终于过上了你自嘲的生活，
日复一日，盘桓底层，黯淡无光。

青春是一种态度，与年龄无关

默多克老夫聊发少年狂，又跟一个名模结婚了。比起默多克，那个名模的人生阅历更让人咋舌，石榴裙下各种科学家艺术家企业家，奔六十了搞定了默多克。比起默多克和新欢，邓文迪也毫不逊色，搞定了一顶级挪威贵胄的世界青年小提琴艺术家兼模特。邓文迪、默多克、默多克新欢，虽然不甚风华正茂，却依旧光彩夺目，青春洋溢之滔滔不绝。

由此我想到之前，有一哥们微信我，说觉得一个姑娘不错。我说："追啊！"他说："算了，我成熟了，爱不动了。"聊到其他方面，也都是吐槽，基本上给人的感觉就是"暮霭沉沉楚天阔"。我仔细想了想说："你这不是成熟，你这是早衰。"兄弟，那么多人和事等着我们爱，怎么就老气横秋如一老衲了呢？

《致我们终将逝去的青春》热映时，很多同龄人每天在各种社交媒体上呕哑啁哳，感叹自己的青春已逝。还有人来跟我说："我们的青春都消逝了。"另一哥们回："别'我们'，是你的青春没了，我的可还在呢。我风华正茂，桃枝夭夭。"后来的事实证明他们都对了。一个没有辜负自己，确实活得很"老年"；另一个一直青春恣意，朝气蓬勃。

雪莱说："希望会使你年轻，因为希望和青春是同胞兄弟。"衡量一个人是否有青春，不是依据年龄、依据肉体，而是依据他是否还能充满希望，勇敢去爱。有些人一生都对人生的某些部分有着宗教般狂热的挚爱，这些人的青春一直在，甚至有些佼佼者的青春还绵延到他们的后世。

罗素在 86 岁的时候，创立非暴力反抗运动百人委员会，以促进核裁军。当他因煽动非暴力反抗运动再次入狱的时候，他已经 87 岁了。92 岁的时候，他建立了"罗素和平基金会"，为筹集基金拍卖了他的部分文献档案。最后一部著作《在越南的战争罪行》出版于 95 岁。在他近百岁生命走到尽头的前两天，还写了一篇谴责以色列袭击埃及和巴勒斯坦难民营的政治声明。

王石在一次访谈中聊到他去看望山区种树的褚时健。王石说见到褚时健以后极为感慨。当时褚时健已经年逾古稀，但是还在跟王石描述他所经营山区的十年和二十年以后的规划和发展。王石感慨，不知道当自己到了那个年纪，会是什么样，还能否有能力和心气谋略二十年以后的事。王石眼中，褚时健是真正的大企业家，一辈子青春不老的企业家。

齐白石晚年"衰年变法"，绘画之物愈发生机勃勃。老人家八十多岁的时候，还公开用湖南乡音唱起了小调："一位姑娘七十七，再过四年八十一。要唱山歌难开口，没有牙来吹短笛。"老人家九十岁时看着自己七十岁时作的画，得意地对宾客说："你们看我年轻时候画得多好啊！"比起齐白石这般写意和烂漫的磅礴朝气，我们很多人和他的人生差距绝非艺术天赋而已。

苍龙日暮还行雨，老树春深更护花。他们不年轻时，依旧青春。他们从来没有停止对信仰、对事业、对生活的热爱。因为拥有了爱与希望，便拥有了对人生千娇百媚的魅惑的迷恋和奋进，进而青春焕发。无论是《赤壁》中曹操面对小乔感慨的那句经典的"欲望使人年轻"，还是爱因斯坦在自行车上欢乐骑乘的照片。都在提醒着我们每一个年轻人：虽然年轻人，却似老同志。何必呢？

六十多岁的六小龄童依旧在台上给大家展现四代美猴王的风采，七十多岁的任正非将华为的营业额目标定到了818

亿，八十多岁的世界名模卡门·德洛雷菲切依旧在 T 台上大放异彩，九十多岁的黄永玉刚给猴年设计了最新一代猴票。而这时候，二三十岁的你竟然说你已经老了？爱不动了？没激情了？不想拼了？

兄弟，你看，你每天叨咕的那个妹子娇艳欲滴，你难道不想买束鲜花，热烈追求，抱得美人归吗？你终日渴求的那个位置为贼所窃，你难道不想锄奸灭霸，将正义伸张吗？你高中同学已经财富自由，你难道不想升职加薪，照顾妻儿，成为人生赢家吗？

姑娘，你想，你迷恋的 miu miu 又出新款了，你难道不想满血工作，买买买，朋友圈晒图吗？你暗恋的男人被那个绿茶婊迷惑，你难道不想婀娜多姿，大显身手，抢回男神扑倒吗？你的闺密又去了普吉岛秀恩爱，你难道不想携手老公，漫步海滩，满眼诗和远方吗？

毕竟，才二三十岁啊！在正该奔跑的年纪，你选择了匍匐；在正该求爱的年纪，你选择了闭嘴；在正该不服的年纪，你选择了凑合。于是乎，你终于过上了自嘲的生活，日复一日，盘桓底层，黯淡无光，颜值枯萎。从衰老的角度，很多人已经在二三十岁就完成了很多牛人七八十岁才达到的程度。作为失败者的典型，他们实在是太成功了。

当有一天，我们发现同平台同出身同能力的同龄人，挽着我们心中的爱人，占着我们渴望的位置，做着我们渴望的事业，践行着我们放弃的梦想，焕发着我们抛却的荣光，享受着我们漠视的青春。从二十岁直接过渡到七十岁的我们，能否还有足够的想象力和精气神，去揣测他们光彩照人的面庞莞尔一笑过多少纷呈异彩？

没错，我们才二三十岁。我们还可以为了一个真心爱人义无反顾，我们还可以为了一个靠谱梦想大胆尝试。而"为赋新词强说愁"以及"说不出词穷矫情"的我们，何必早认衰老，自索珠黄。须知"墨菲定律"也好，"吸引力法则"也罢，当你说不能再爱的时候，你早晚会不能再爱的；当你觉得你没有青春的时候，你永远不会再有的，或者根本不曾拥有过。

成熟不是早衰，青春不同年少。人情练达与激情饱满不排斥，世事洞明与朝气蓬勃不矛盾。每一个创造力旺盛、上进心满满的强者，必是在其年轻时候爱的能力和渴望大于同侪，故而青春旺盛于其他人，并在迟暮之时也有春秋正盛之感。

总之，能否有青春，与年龄无关，只与是否还有爱的能力有关。有些人青春一阵子，有些人青春一辈子，有些人一辈子没有过青春。

最后，我们感受下塞缪尔·厄尔曼笔下的《青春》：

青春不是年华，而是心境；青春不是桃面、丹唇、柔膝，而是深沉的意志、恢宏的想象、炙热的恋情；青春是生命的深泉在涌流。

人人心中皆有一台天线，只要你从天上人间接受美好、希望、欢乐、勇气和力量的信号，你就青春永驻，风华常存。

一旦天线下降，锐气便被冰雪覆盖，玩世不恭、自暴自弃油然而生，即使年方二十，实已垂垂老矣；然则只要竖起天线，捕捉乐观信号，你就有望在八十高龄告别尘寰时仍觉年轻。

着急当将军的士兵不是好士兵

引言：毛主席讲，庙小妖风大，水浅王八多。

一个从事对冲基金的哥们说同事在组织一个领导力俱乐部。我说："哎哟，你们可真有空。"他说："总有一批人再忙也要想着当领袖。"我说："你在学校时候这么风云，还不赶紧参与这个俱乐部。"他说："自己几斤几两还是知道的。趁着熔断，我还是多睡点觉吧。"

路上遇到一位大三师弟，很兴奋跟我说要去参加某兄弟院校的"青年领袖论坛"，为此要翘课。我说："你这么屌，这么小就青年领袖了？"他说："其实并没有，就是同学告诉我去的。"我问："你参加这个干吗？"他说："想当领袖就要早点起步。跟牛人学习一下。"看着师弟的劲头，我就没舍得劝，不过着实心疼他。

一位研究领导力的老师谈到了他的一个忧虑："社会上一批非专业的领导力学习和研究正在将这门学科庸俗化和功利化。"他说，"领导力的研究和学习本身没有问题，但是很多青年人可能把'领导力学习'等同于'如何快速成为领袖'了。现在年纪轻轻就着急当领导的人太多了。"

现在各种自发组织的"青年领袖论坛""青年领袖聚会"层出不穷。好多被冠以"青年领袖"的组织琳琅满目，诸如"×××青年领袖论坛""××领导力联盟""××青年领导者讲堂"等等。也总会有一批年轻人自发组织各种社团、聚餐或者拉微信群，以各种"领导力""青年领袖"的名号和噱头搞社交活动。水浅王八多，遍地是大哥，每天着急当领导的青年人太多了。"青年领袖"严重产能过剩。

市场上也应运而生了一大批"领导力"培训机构和培训项目，好多成功学家也摇身一变成为"领导力培训师"。凭借夸张的肢体动作、破碎的人力资源知识、巨幅的名人合影，众多"领导力"大师赚得盆满钵盈。成功学书籍中"领导力"相关内容逐步增多，畅销榜上越来越多有"领导力"字眼的书品。众多青年人都幻想着通过种种办法迅速掌握领导他人的技能。

就像很多严肃的领导力研究学者担心的那样，"领导力"作为严肃的管理科学研究和应用，经常被见利忘义的牟利者和急功近利的青年人折腾得不伦不类。就像大批国学经典被各种所谓"国学大师"和"国学爱好者"解读为权谋钻营的教科书服务一样，领导力研究往往被各种所谓"专家"和"爱好者"解读，并应用为政治斗争和人际手腕的样板戏。这种"领袖泛滥"，坑害着学科，浮躁着社会，腐蚀着青年。

"领导""领袖"这种词对涉世未深又一无所有的青年人太有诱惑力了。多少人的童年记忆中，荧屏或者小说中的领袖登高远望，振臂一呼，男男女女仰望瞩目，纵横世界的某处，左右他人的人生。生活中，他们会看到一些成为领导或者领袖的人，资源丰富，社会地位崇高，走到哪里都被追捧、被崇拜。他们一句话就可以获得自己梦寐以求的财富、肉体、信任，甚至灵魂。

于是，他们渴望，他们幻想，他们迫不及待，他们热血沸腾。他们在没有明白"领导"和"领袖"的真谛时，就走在痴迷钻研两者的路上。太多的青年人希望迅速成为领导者，影响并利用他人，从而改变自身窘迫的境遇，从物质条件到精神生活上过得体面且奢侈。然而，实际的社会运行中，并不需要这么多的领袖。目前我们能看到想成为领导者的青年人数量，已经远远超过这个社会所需要的数量了。

087

有一朋友弄了一个搞笑的事。百度搜索"青年"的链接是30,800,000个,"青年领袖"的链接是2,960,000个;搜索"学生"的链接是59,100,000,搜索"学生领袖"的链接是15,400,000。当然这种统计方法有很大问题,技术细节不讨论了。但是这还是能黑色幽默地反映一个现状:青年和学生这两个群体同"领袖"这个词的关联实在太强了。

不想当将军的士兵不是好士兵,但是着急当将军的士兵肯定也不是好士兵。"希望不断进步,有更多的机会,在更好的位置,承担更多责任,服务于更多的人"固然是一个有理想、有担当的青年人应有的模样。但是,每天急功近利,着急上位,急切掌握资源来服务于个人生活的青年人则是一种处于危险的病态中了。

很多人,包括我们自己,有时候一入职就想着创业当老板,一见客户就想着拉人脉搞独立,一下基层就想着赶紧几年破格提拔,一开始创作就想着一夜爆红扬名立万。我们也总是没等把业务熟练呢,就开始想自己的商业模式了;没等让客户满意呢,就想着当了部门经理该拿多少了;没等跟群众熟络呢,就琢磨市长该怎么当了;没等把作品构思出来呢,领奖辞都想好了。

可能是我们曾经顺遂惯了,以至于往往自命不凡,认为自己位列仙班，人中龙凤，理所应当领导、指挥并影响别人。而这对我们来说，太幼稚了。绝对值上，我们可能只不过是芸芸众生中的沧海一粟，我们的能力只能维持在一个"体面"但是远非"领袖"的层面；相对值上，我们也未必就如自己想的那样出类拔萃，很多"出类拔萃"未必是建立在证据的基础上，而是无知、偏见或者想象的基础上。

也可能是我们被生活折磨得太辛苦了，以至于极度想摆脱卑微的生存状态，让我们对于可以获得社会资源的位置太渴望太痴狂。当不择手段地谋求上位成为"领导"的时候，我们一方面牺牲了自己的踏实之心——这是屌丝逆袭的必备素质；一方面放纵着自己的贪婪之欲——这是屌丝逆袭最终悲剧的重要原因。

总之，我们有时候太急了，总想一击必杀，一夜成名，一本万利，一步登天。我们往往在最该隐忍的年纪选择了躁动，在最该踏实的年纪选择了浮夸。我们着急于给自己贴上"领袖"的标签来彰显优越，维护自尊；我们焦虑于艳羡的目光和"高大上"的朋友圈。最终，我们的结局可能是——少年汲汲于成名成家，中年汲汲于攀比炫耀，老年汲汲于自欺欺人。

如果我们真的想提升自己的领导力，可以研读一些严肃的学术著作，学习一些规范的领导力课程，请教或者受教于一些受过严格学术训练的学者或者在某些方面获得了证明的各界领袖。以及最最重要的是把手头的工作做好。至于通过大量的饭局、微信群、俱乐部等以"领袖""领导力"之名的社交活动和社会活动，谨慎对待比较好。起码从可以获知的一切历史上看，没有一个后来成为领袖的人年轻时候在做这些事。

最后分享一段《圣经》中关于摩西带领以色列人对战亚马力人的描写：

> 每当摩西举起手臂，以色列就占据上风，稍一放低，亚马力人就开始反扑。摩西的肩膀酸了，亚伦和户珥搬了块石头过来，让他坐下，两人一左一右托着手臂，高高举起，一直坚持到夕阳西下。(《出埃及记》17：12)

摩西只有一个。我们未必要——也不可能——人人都做摩西。如果我们能够像亚伦和户珥一样，尽职辅佐，击溃强敌，也不失为精彩人生。

摆正自己的位置，花该花的钱

子曰："奢则不孙，俭则固。"部分国人易走极端，花钱上尤是。比如，我们年轻一代的"小百姓"，一面"过度拮据"，一面"挥霍成性"。

基于"节俭思维"，什么苦，都拿健康扛。比如，牙刷、牙膏、床单、枕头、理发等生活日用品和服务，我们往往倾向于购买便宜的。因为我们觉得它们"都一样""没太大差别"，从而尽可能选择价格相对较低的商品和服务，进而实现缓慢的财富沉淀。

基于"等级思维"，头可断，面子不能丢。我们会把大量省吃俭用的钱用来购买一些不必要的奢侈品，比如名牌箱包、手表、服装、电子设备等。因为我们觉得他们会让我们"不一样""显得高大上",从而在与他人接触过程中不会被看低,进而实现快速的身份认同。

于是,我们部分人的生活状态便是:一系列极其廉价的生活必需品拉扯大了一两件相当昂贵的奢侈品。一个光鲜亮丽的外套包裹着一个拮据窘迫的肉体以及极度分裂的灵魂。

窃以为,直接关系到我们身心健康的消费,这些钱,不能过分省。在购买力范围内,就选最贵的。活得更细致一些,让自己的睡眠、牙齿、颈椎、眼睛、肠胃等关乎日常身心健康的事物享受到应有的待遇,发挥更高的效用。

这个好质量的木梳算了不买了,省的不是一个木梳的钱,而是你的头发健康和形象。你想想,你烫头花多少钱?这个高质量的枕头算了不买了,省的不是一个枕头的钱,而是你的睡眠质量和精气神。你想想,你买面膜花多少钱?这个很好用的牙刷算了不买了,省的不是一个牙刷的钱,而是你的口腔卫生和胃口。你想想,你洗牙补牙花多少钱?

"将就"消费的结果就是"凑合"的人生。在日常生活中过分拮据让我们养成了习惯于牺牲自己的萎靡精神状态。即便我们脱离了严格意义上的贫穷,我们依然处于贫穷的状况,在低质量的人生中纠结。所以,在直接关系到我们身心健康的日常生活用品和服务上，一个字——花！

窃还以为，与我们身心健康无关，超出我们正常的消费能力，需要我们牺牲身心健康消费的消费，这些钱，能省则省。在自控力的范围内，要选最便宜的。原因在于——无力将奢侈品作为日用品，不仅表明我们可能没有高消费的经济实力，更表明我们可能不具备高消费的生活状态。奢侈品的设计和消费，是针对高阶层的生活节奏、生活习惯、生活内容而设计的，一个不存在于那个圈子的人购买那个圈子的东西，则"无用武之地"。

LV、爱马仕等一线品牌之所以征服世界，打败中国的古代奢侈品牌比如"瑞蚨祥""内联升"，根本在于西方工业社会的生活方式打败了中国农耕社会的生活方式，从而让更适合现代化社会的生活用品传播开来。所以，不是你选择了怎样的消费，而是你的生活方式和社会角色决定了你将拥有怎样的消费。

健康的消费习惯，就是在自己的经济承受能力之内，在直接关系到自己身心健康的方面勇于花钱，在与自己身心健康无关的地方谨慎花钱。此时，我们的消费将不仅仅是消费，而是一种投资，一种对生命状态的投资。

一方面，更高质量的日常生活会让我们整个人的身心得到生理上的提高，同时我们也会因为生活质量的提高而更加自信、阳光、精神饱满、斗志昂扬；另一方面，更谨慎的"超能力消费"会让我们更加懂得克制、节欲、理性，通过在消费上的成熟和务实，逐步辅助在生活中众多方面的成熟和务实。

一个有助于睡眠的好枕头，该买就买，这买的是"每个夜晚高质量睡眠的助力"；一双好的跑鞋会增加运动体验，该买就买，这买的是"维系运动的激情和动力"；一场心爱演员的电影票，该买就买，这买的是"有乐趣有情调的生活"。

一名穷学生买一支万宝龙钢笔用处不大，签名机会很少，记笔记写作业更是很不方便；一名出租车司机工作穿CL铆钉鞋毫无用处，只会让他刹车更不稳；一个外卖小哥平时穿Boy牌子的T恤，根本不如一件普通运动T恤吸汗实用。

如上，健康而合理的消费会让人更加温暖地面对自己，更加真诚地面对生活，更加理性地对待欲望。我们不会再憋着，也不会再放纵。我们有了更值得的体验、更从容的生活、更理性的思维、更务实的态度、更规律的节奏，不仅节约了大量的人生成本，还积累了大量的人生财富。

健康而合理的消费既是一种更高层次的节省，又是一次更高层次的投资。对于财富整合与再分配，形成了更优的生活投资，让我们整个人生的 NPV 增值满满。我们作为一个看涨期权，人人都爱买，更愿意祝福我们越来越好。

总之，正视自己的价值，摆正自己的位置，花该花的钱，吃该吃的饭。消费错了，消费就是浪费；消费对了，消费就是投资。

姑娘,该下班下班

闺密抱怨下班太晚。我问为什么。她说:"活倒是都干完了,但是不能走。怕同事对我有看法。"我问:"啥看法?"她说:"就是他们活干不完,然后不爽我下班就走了。"我问:"你确定他们是因为无能,而不是因为工作量比你多?"她说:"我确定。所以怕他们不爽,我就不敢走。"我呵呵,告诉她:"少抱怨,该走不走,你活该。"

姑娘,听哥一句话,该下班下班。

能够在很短的时间内高效率完成工作,是上天赋予我们的礼物。诚可贵。然而,很多人,竟然糟蹋自己这份技能,以迎合一批甸匐灵魂的猥琐嘴脸。这样的人,确实应该闹心,该遭天谴,因为这是浪费——浪费上天赋予的稀缺资源,对不起老天爷。

但是很多妹子会说:"那我要是工作出色了,早些下班了,别的同事会不会看我不爽啊?"只能说,你想多了。对于嫉贤妒能的小人来说,他们爽不爽不取决于你偷偷为他们牺牲了自己多少,而取决于他们是否过得比你惨。只要你就是比他强过得比他好,无论你委不委屈自己,你都会被嫉恨。

至于领导方面,领导要的是你的工作业绩,不是你的工作时间。你出业绩,领导就会开心,管你下班以后几点回家。没干完活就回家是你的问题,但是干完活了还不回家,就更是你自己的问题了。前者你对不起领导,后者你对不起自己也对不起领导,因为你把自己累坏了,是累坏了领导的一棵摇钱树。

那么,问题就集中在那些嫉贤妒能的小人身上了。

然而,对于他们来说,使你获得谅解的唯一方式,就是你自废武功,落魄潦倒。自己过得叫天不应叫地不灵,然后让那些小人走到你面前,时不时赏你个煎饼果子,他们的优越感才会得到满足,嫉妒心才会消解,他们才会对你由衷地笑出声来。除此之外,对于小人,别无他法。

所以，很多时候，你的智商败给猪，你的善良喂了狗。放弃不切实际的幻想吧，对待嫉贤妒能的小人，无论你多么费力放低姿态，自我牺牲，委曲求全，他们都会不爽你，咬牙切齿，面露凶光。因为只要你过得比他们好，他们就受不了。

你下班早走了，并且还可能赚更多的钱，你难道要把工资也分给他们吗？即便你能把工资分给他们了，你的爱情也比他们幸福，你难道要把爱人也让给他们吗？即便你能把爱人让给他们，你的寿命也比他们长久，你难道要在他们咽气之前抓紧自杀吗？

姑娘，你光想着怎么讨好那些嫉妒你的小人，但你有没有想过，那些爱你的人和你爱的人的感受？这个世界有多少贱人，值得你牺牲自己的爱人来供养？这个世界上有多少爱人，本应该让你投注更多目光？多少爱人家人朋友给你倾注那么多关怀问候，就是希望你能早下班多休息一会儿，结果你竟然为了个别贱人熬夜去了！

你本来可以用高效率的工作能力换取更多陪伴爱人和家人的时间，而你却舍弃了晚饭餐桌旁的爱人家人，去迎合长着一双嫉妒的绿油油眼睛的贱人？你本来可以利用更多的自身能力为家人创造出更有价值的财富和条件，而你竟然要舍弃家人幸福的微笑，讨好一个每天琢磨怎么捅你一刀的

bitch？

　　试问，你可否想过，如韶华老去，白发三千，家人的挂念，在也不在？爱人的怀抱，待也不待？谁的青春可以重来，谁的年华值得等待。当桑田变成沧海，还有多少人值得去爱？

　　又问，当你委曲求全的时候，你讨好着谁？当你凄凉无助的时候，谁又陪在你的身边？时间给了你多少个真情挥霍与糟蹋、选择与后悔？真情又给了你多少段时间成长与感悟、反思与历练？

　　再问，贱人砸门，你一脸堆笑，你让好人怎么帮你？友人问候，你爱答不理，你让别人怎么看你？对小婊子毕恭毕敬，对自己人不温不火，这都是哪个干洗店给你惯出来一身欠熨的褶子？

　　所以，姑娘，当你再想自我牺牲以讨好某小人的时候，请问自己："谁给我雪中送炭，谁给我披肝沥胆，谁给我长发盘起，谁给我做的嫁衣？"仔细想想，你做的那些、丢掉的那些、错过的那些，值不值，该不该。那些贱人的一丝满足，真的足以抵消那么多爱人亲人朋友对你的希冀吗？

　　荒废效率，辜负领导，是为不忠；无辜熬夜，牵动母忧，是为不孝；与贱为朋，怙恶不悛，迎合败德，是为不仁；错配精力，冷落朋友，是为不义。如此不忠不孝不仁不义之徒，你还敢当吗？！

毕竟，这个世界上本来就没有多少人对我们好，我们在力所能及范围内再不对自己好点，还活不活了？这个世界上本来就没有多少人对我们好，我们还不珍惜，该死不死了？什么叫对自己好？不复杂，从该下班下班开始。

其实，在这个世界上，我们只需要在乎两种人就够了，我们在乎的人和在乎我们的人。我们也只需要在乎他们的感受就可以了。至于那些看到我们容光焕发就五脊六兽的绿眼睛们，let it go，let it die。

江山父老能容我，不理人间屌丝眼。从武则天到杜十娘，从花千骨到邱莹莹，人类历史长河无数次雄辩地证明：一切不以爱为基础的牺牲都是傻×。

总之，姑娘，下班路上，且行且珍惜。

有一种幼稚叫"只讲理"

引言："有效的宣传不是让人思考为什么需要，而是要让他们感受到他们多么需要。"——纳粹德国宣传部长，保罗·约瑟夫·戈培尔

首先，我们再温习一遍"狼和小羊"的故事。狼看见小羊喝水，找碴说："你把我喝的水弄脏了！"小羊说："您站在上游，水是从您那儿流到我这儿来的。"狼说："就算这样，那去年你说过我坏话！"小羊喊："啊，去年我还没有生下来呢！"狼不想再争辩了，大声嚷："说我坏话的不是你就是你爸爸，都一样！"说着就往小羊身上扑去。

还记得小学老师怎么教的吗？不要跟坏人讲道理！他们就是要做坏事，说什么都是没有用的！《我的祖国》唱得好：

朋友来了有好酒，敌人来了有猎枪！

某哥们博览群书，三观刚正，从人人网到微博，从微博到朋友圈，每逢热点问题都在论战第一线。然而半年来他的朋友圈很安静。最近台湾大选闹得很凶，我好奇地问他："帝吧都出征了，你咋还这么淡定？"他说："少年，你撕多了就懂了。操控网民靠的是情绪，不是逻辑。这么多年撕×经验告诉我，网上讲理，身不由己；不和稀泥，必死无疑。"

一入网络深似海，从此理性是路人。平生只有两行泪，半为脑残半女神。任你是雄才大略，苦口婆心，伶牙俐齿，凤毛麟角，想在网上跟人家讲理，唯有死路一条。

某怪人来到孔子学生们面前问："一年有几季？"弟子们道："当然是四季。"此人坚称一年只有三季，双方开撕。孔子闻讯赶来，端详此人说："哥！一年的确是三季，我们无知！"屌丝听罢满意离去。见此人远离，孔子对弟子们说："此人是蚱蜢精，蚱蜢是过不了冬季的，它一生只有三季！你们跟他讲个毛道理！"众弟子大悟。

后人杜撰这个孔圣人的段子告诉我们，作为一个真正成熟的个体，一根杰出的老油条，就是要懂得：给狗让路，不丢人！

如上，我们很多时候，真没必要"讲理"，或者说不仅仅要着眼于"道理"。然而，日常生活中，我们恰恰爱"讲理"。比如，批评一个人的时候，我们会说："你怎么不讲道理？"夸奖一个人的时候，我们会说："他是一个讲道理的人。"讲到某个行为规范的时候，我们会说："老理儿说得好！"评定双方对错的时候，我们推崇"以理服人"。

受过良好教育，尤其是受过高等教育及以上的人，在面对偏激论调或愚昧行径个体认知破裂的时候，以及共识危机或突发事件等社会舆论风暴的时候，只爱"讲理"，倡导"理性""客观""公允"等等，他们强烈倾向并参与到社会理性捍卫和建设中来。

他们有一种责任感：教化愚昧的对方乃至开启民智是他们作为文明人的义务；他们有一种优越感：作为文明人他们有资格和能力来教化和启发眼前的傻×乃至乌合之众；他们有一种成就感：通过他们的努力和战斗，无知愚昧的对方或者民众会有所进步和成长。

然而，对于责任感来说，很多时候是"自作多情"；对于优越感来说，很多时候是"自以为是"；对于成就感来说，很多时候是"自惭形秽"。当很多人耗尽全力对着他认为愚昧无知的对象耍尽十八般武艺的时候，他会惊恐地发现，他的一切努力都那么苍白无力：脑残还是那个脑残，傻×还是那帮傻×。

实际生活中，大多数时候、大多数人，不是用理智在交流，而是用情绪在对抗。情绪，是我们讲理的第一障碍。包括很多自认为客观公允的智识主体，并不在乎交流的内容，只在乎交流的态度。你以为他们关心你说的"好不好""对不对"，其实他们只关心你说话时"乖不乖"。他们并不用逻辑和理性来判断这个世界，而是用情绪和感性来感知这个世界。

只要你没照顾到他们的情绪，你就是"偏执狂妄""逻辑混乱""言语不详""一派胡言"；只要你照顾好了他们的情绪，你都是"公正客观""有理有据""实事求是""掷地有声"。他们根本不在乎你的辞藻、逻辑、思维，他们只关心你在跟他们的对话中是否足够谦卑乖巧，你论述的最终立场是否跟他们和谐一致，你的最后一句话是否是"我认同你，你是对的"！

事实一次又一次地证明：一切温和克制的姿态，同暴虎冯河般认知的浴血奋战，都将一败涂地。在大多数时候，大多数情况下，大多数人的大多数交流，情绪始终是第一。哪怕他们衣冠楚楚，简历华美，英姿飒爽，温文尔雅。情绪之外，还有两个鸿沟，决定着很多交流注定失败。

首先，认知结构。很多人不是坏人，他们只是傻×。每个人的所思所行都基于他的智力发育、教育背景、生活经验、风俗习惯、宗教信仰等一切精神内容的总和。每个人读的书，挨的刀，走的路，爱的人都不一样。你想跟他"说明白""讲清楚"，需要跨越的不是语言，而是语言背后的认知水平，以及决定认知水平的智商、教育、阶层、信仰等无数鸿沟。如果想仅仅依靠自己的思想储备对别人实现价值观同化是很难的，很多时候我们同对方吵来吵去，最后争论的是"同一个事儿"就不错了。

其次，利益关系。"揣着明白装糊涂"，是很多人应对某个事件的状态。很多人的认知水平不低于你，他也明确知道你在说什么，更知道自己在说什么。他可能认同你说的每一个字，但是出于利益集团、身份局限、组织关系等因素，故意刁难耍横，胡搅蛮缠，言语不详，针锋相对。他不是不懂，而是假装不懂；他不是对立，而是偏要对立。你的障碍不是他的大脑，而是他的腰包；你的思想和语言的对手不是他的思想和语言，而是他的欲望和利益。

最后有一点要注意，就是警惕自我。对情绪、认知、利益三者的认知，不仅适用于我们沟通、吵架、互撕的对象，也适用于我们本人。你要保证你的对面是一个跟你认知结构相当、利益关系和谐、性情自控稳定的人，同时还要保证自己在交流的过程中配得上对方的认知结构，不为利益冲突左右，可以克制住自己的情绪。

保证对方不脑残，已经很难；保证自己不脑残，难上加难。很多时候我们自己往往自以为是，自认为自己"聪明""博学""公正"，责备对方"浅薄""偏执""愚昧"，而事实上是我们自己不能够设身处地在对方的境遇上分析和处理问题，不能够有足够的见识和能力把握和判断对方的论述，或者不能够有足够的修养和定力保证自己不被情绪左右，从而妄自尊大，蛮不讲理。

在所有的沟通中，我们不仅要认清对方的情绪、认知和利益等，也要时刻提醒自己，认知自己。我们多少时候为情绪控制，为认知局限，为利益羁绊。很多时候我们都是秉承着自以为是的理智、逻辑和克制。然而，实际我们常常比我们认为脑残的人还要脑残。

这里强调一下，我们绝不否认坚守理性的意义和伸张正义的价值，也要看到在沟通和交锋的时候，一味"只讲理"，在理念上是不成熟的，在操作上是有风险的。

当我们再面对需要沟通的个体或者群体的时候，不妨首先内省，警惕自身智识、情绪和修养。然后立足理性，不拘泥于抽象道理和逻辑，而是通过综合协调情绪、利益和修养等多方因素，达成沟通效果。当然我们也要注意，很多人确实不需要交流，因为不是所有的东西都进化成了人。

另外，为了给日常的沟通和交锋做好准备，我们可以一方面提升自己的智识和修养，提升未来的沟通能力、论战资格和舆论掌控水平；一方面各种进步，混得比你觉得脑残的个人或者群体好。一边用实力基础之上的更精彩绚烂的生活让他们耻于面对你，一边把更多的目光和听众吸引到你身边，他们绿着眼睛看你传播思想，嗨翻全场，而他们自己却人嫌狗不咬，憋死他们。

最后，以《庄子·秋水》的一段话自持和自省：

> 北海若曰，井蛙不可以语于海者，拘于虚也；夏虫不可以语于冰者，笃于时也；曲士不可以语于道者，束于教也。今尔出于崖涘，观于大海，乃知尔丑，尔将可与语大理矣。

请扔掉那碗你觉得难吃的羊肉泡馍

有天上午,我被几个不靠谱的客户虐了,忍辱负重。心塞的我熬到了午饭时间,想跟同事们一起吃个面。到了面馆,我点了碗羊肉泡馍。本以为吃了之后会很开心。结果,那碗羊肉泡馍让我失望了,非常非常难吃(我相信泡馍很好吃,只不过那碗确实太难吃了)。

于是乎,我想扔掉它,换一碗。然而,同事说我浪费一碗面有点可惜,我也觉得自己浪费,想着忍忍也能吃,就一口一口吃了起来。

但是,每一口,都让我的心情翻江倒海。

首先,我想本来吃个午饭,开心开心的,谁想又要忍受这么难吃的羊肉泡馍？！心塞！

其次，我想努力了这么多年，竟然连一碗羊肉泡馍都舍不得随便扔？我他妈怎么混成了这个样子？

最后，我想这辈子能有多少事自己可以完全做主完全自嗨啊？也就是吃点东西了。那我他妈还这么委屈自己，至于吗？

于是乎在两分钟的电光石火之间，我完成了两件大事。第一，思考我要过怎样的生活；第二，我要扔了这碗羊肉泡馍，换一碗炸酱面。终于，我吃上了一碗美味的炸酱面，有了一个精力充沛的下午。

仔细想来，人这辈子，不如意太多了。很多事完全不能选，比如，出身不能选，智商不能选，身高不能选。能选的又不能随便换，比如学校不能随便换，工作不能随便换，朋友不能随便选。

掰着指头数来数去，自己能决定的事没有几个。能给自己提升幸福感，又有很大自由度的东西，也就剩下"吃"了，结果我们还总委屈自己。

所以，我们作为吃货，不仅仅是为了口腹之快，还是为了在这漫漫人生的苦难征程里，有一个可以以最低成本获得最大收益的幸福渠道。在美食带来的快乐面前，人人平等。"吃"让我们从幸福指数上在一定程度上实现了世界大同。

所以，"吃货"是什么？是平凡生活中的英雄梦想。我们仅仅是为了吃吗？不！For freedom！For liberty！英特纳雄耐尔，一定会实现。

谁料，在这为数不多我们最有机会随便选择的方面，还各种委屈自己。比如，"点都点了，凑合吃吧""再吃几口，别浪费""随便吃点，下次再说""来都来了，好歹吃点"。很多时候我们吃一个东西，点了发现不好吃，我们就强忍着也要吃完，就怕自己或者别人觉得浪费。

啥叫浪费？强迫自己吃实在吃不下去的东西才是浪费。最大的浪费，就是浪费自己的心情，从而慢慢浪费整个人生。浪费一碗面20块钱，为了这碗面强忍着吃了，心情没了。请问，难道我们的好心情就值20块钱吗？我们可是花多少钱才能买来一晚上或者一瞬间好心情啊！

说个经济学概念：沉没成本——指由于过去的决策已经发生了的，而不能由现在或将来的任何决策改变的成本。如果人是理性的,那就不该在做决策时考虑沉没成本。因为对沉没成本的考虑是不可能改变既有状况的,它应该被排除在决策考量之外。

什么意思呢?意思就是:钱都已经花了,这饭吃不吃,钱都回不来了。不好吃就算了吧。如果不好吃,你还坚持吃,不但钱回不来了,你还会接着把你的心情弄糟——经济学上脑残才这么做。所以,该扔扔,该走走。

我知道有人要说"谁知盘中餐,粒粒皆辛苦",也知道他要说"勤俭节约是传家宝"。传统美德我承认,但是我想说,这是两回事。我们不是随心所欲浪费,而是在力所能及的范围内适度消费。

改革开放让我们奔向了小康社会,对于摆脱了温饱线上的大多数人来说,很多时候吃饭的意义不仅仅是"吃饱"这一目的,更多的是"吃好""吃开心""一起吃开心"。所谓吃货,绝对不是停留在"饿"的层面,更多的是在"馋"的层面。拿传统农业社会和特殊历史环境下的道德标准,来要求商业文明下的我们的一次购买行为,是耍流氓。

另外,爱情要忠贞专一,还不能允许我遇到个人渣选择分手了?工作要认真负责,还不能允许我遇到更好的机会往高处走了？同理，我遇上了难吃的一顿饭，你就不允许我不吃了？那么多大的人生成本你不提，你就跟我纠结这点饭钱，你这是啥意思？

卢梭在《社会契约论》中对世人说："人生而自由，却无处不在枷锁中。"

赵本山在1989年春晚小品中对老情人说："你年轻时候听爸妈的，长大了听领导的，老了听儿女的，你这辈子啥时候能自己说了算呢？"

《无间道》里面刘德华对梁朝伟哀求："以前我没得选，现在我想做个好人。"——最终，两个人都没得选，就像所有人那样。

如上，人在江湖，身不由己。处处江湖，无处容身。人这一生会有一碗又一碗的"羊肉泡馍"让你味同嚼蜡，苦闷心塞。飘忽醉酒，仰望星空，我们看着那些如流星般划过生命的人和事，有多少能够让我们开心的呢？

仔细想想，真的没有多少。我们绝大多数人在绝大多数时候都纠结在不如意的泥淖中不能自拔。古人云："人生不如意，十有八九。"纯扯淡。人生不如意，千有九百九十九。

天长地久有尽时，此恨绵绵无绝期。既然这个世界给我们的委屈已经足够多了，那么我们就没必要主动继续帮这个世界折磨我们了。面对这个得寸进尺的放荡世界，我们应该多说一些 NO。

没错，很多事情我们确实身不由己，力所不逮，苦于主客观条件不得不忍辱负重，委曲求全。但是，我们的问题在于，很多时候把完全没必要忍受的事情也都忍了下去。

今天我们忍了一碗羊肉泡馍，明天忍了一盘韭菜盒子，后天再忍了一个煎饼果子。请问，啥时候是个头啊？

我们很多人习惯于无论什么麻烦、不爽、闹心都一概忍受，并美其名曰"坚强""豁达""成熟"。殊不知，最大的软弱，就是永远绥靖而逃避问题；最大的自闭，就是只有逆来顺受而不批判思考；最大的幼稚，就是一味自我牺牲换取心里安稳。

我们很多时候的委屈，都是自己给自己的。我们习惯了被压迫而索性随便压迫自己——"一直受气，也不差这一回""那么大苦都吃了，这个也忍忍吧"。殊不知，我们很多苦闷真的就一定要忍受吗？

仔细想想，太多的苦闷我们完全可以以极低的成本干掉，换取更从容优雅并有尊严的生活体验。

人，一定要在力所能及的范围内对自己好一点。

本就没有多少人多少机会对我们好，还不抓紧爱惜自己的时间，那么真的就零落成泥碾作尘了。如果自己都不爱惜自己，别人就更加不会爱惜我们了。我们再没必要因为一点小钱小事小人物就葬送了心情、精力、健康。

所以，在吃饭时点了觉得难吃的菜，不吃就好，为了几十块耽误自己一个美丽的夜晚，何必呢？微信上再遇到可有可无的贱人，拉黑就好，为了一个无所谓的bitch，没必要忍辱负重；再被拉到某尴尬无聊的聚会，回家就好，为了一群彼此不在乎也没有任何价值的陌生人，没必要怕"得罪人"而拼酒熬夜。

有花堪折直须折，莫待无花空折枝。得放下时即放下，若觅了时无了时。总之，在一碗"羊肉泡馍"面前，该有的尊严还是要有的。每个人总会遇到那碗"羊肉泡馍"，扔掉它就是了。

你缺的不是真诚,你缺的是套路

"套路"这个词被用烂了,仿佛成了为人虚伪做作的代名词。然而,没等"套路"彻底被标签化为"虚伪"的墓志铭和通行证,"真诚"反而成为情商低的遮羞布和招魂幡。大多时候,我们缺的不是真诚,而是套路。

情场上,兄弟们经常会被女朋友问到一个神奇的问题:"你爱不爱我?"

一兄弟 BAT 的技术宅,有一天他跟女朋友吵架了。我问为啥。

他说:"她问我爱不爱她。"

我说:"你怎么回答的?"

他说:"她之前都问过一遍了,我说爱。然后我就问她为什么又要问一遍。"

我呵呵，问："那你女朋友咋说的呀？"

他回答："女朋友不开心，说就让我回答爱不爱她。"

我问："然后呢？"

他说："然后我觉得这很没有道理，就没理会。结果吵架，不欢而散。"

我说："你有问题，你得学学哄女朋友的套路"。

他不解："明明是她无理取闹好吗？而且我为什么要学骗人的把戏？"

我知道兄弟的"真诚病"又犯了。当时，女朋友心里想的是："我知道你爱我，但是我也想听你多说几句'我爱你'。"以及，"让你说一句'我爱你'，就那么费劲吗？这点破事惹老娘生气？！"最终，"你 TMD 就不能哄哄老娘，套路一下？"

此处，这个哥们爱不爱他的女朋友呢？真的很爱。但是这次有没有让他心爱的女朋友感到开心呢？完全没有。为什么？因为他将自以为是的"真诚"凌驾于制造浪漫的"套路"之上了。歌曲里面唱"好男人不能让心爱的女人受一点点伤"。严格来说，兄弟是个好人，不算一个好男朋友。

婚恋中，需要一些"套路"。专一的品质和浪漫的能力，从来不是对立的。很多人懒于反思、学习和总结恋爱相处的规律和技巧,而将可以给对方提供的一些小浪漫小心思小庆幸一律视为"无理取闹",并将自己的呆板中二自诩为"做人真诚",将本应该哄对方开心的能力称为"虚伪做作"。

所以,很多时候你以为的"真诚",那不是"真诚",是"自负",是"自私"。

职场上,朋友们经常会被领导问到这样一个问题:"你觉得我的想法怎么样?"

一位广告小能手朋友,才气纵横又火辣毒舌的一个GAY宝,夜里发微信说:"我跟老板撕了。"

我问:"为什么?"

他说:"老板今天选题会上提了一个策划方案,问我'你觉得我的想法怎么样?'我觉得他做得很傻×,我就说哪里很棒,但是哪里也存在问题。"

我问:"结果呢?"

他说:"领导听完我的一大堆'但是',不爽了。当着很多人的面跟我吵了一架。"

不用他再解释，我就懂了，因为只要你一张嘴"但是……"对方基本上就做好不爽的准备了。

老板心里会想："这小子确实挺有才，说的也都对，就是有点狂，我有点不爽。"以及，"以后要是总这么跟我说话，会影响办公室和谐气氛。"最终，"小伙子人和才都不错，要是更会做（套）人（路）一点就好了。"

此处，我的 GAY 密是不是工作认真负责呢？完全是的。他完全可以曲意逢迎不管领导方案的缺憾，但实际上又出于责任心而仗义执言。这次沟通是否算成功呢？完全不算。建议没谈成，想法没实现，领导得罪了，同事气氛尴尬。严格来说，GAY 密是一个好设计师，不是一个好员工。

工作中，需要一些"套路"。有一定技巧的沟通能力，是一个人在职场脱颖而出的关键。丁磊总结自己的成功：一命二运三风水，四积阴德五读书。积德在读书之前，做人在做事之前。不是鼓励人人成为老油条，但是一些不伤害他人的基本职场为人处世的技巧还是不可不学的。

所以，很多时候你以为的"真诚"，那不是"真诚"，是"自负"，是"自私"。

市场上，姐妹们偶尔会被客户问到这样一个问题："你觉得我的宝宝可爱不可爱？"

一个姑娘跟我抱怨，她的客户被另一个同事撬走了。我问："不对啊，你挺温柔一个人，不该被抢走了生意啊。"

她说："我的客户每次来买东西都带着他的孩子，他每次都会问：'我的宝宝可爱不可爱？'"

我问："那你都咋回答的？"

她说："我每次都会回答，'嗯！真可爱！'"

我问："然后就没啦？"

她说："对啊。"

我说："你回答得好敷衍啊……"

现在，这个客户一定已经忘记了她这位对自己孩子的夸奖简短无效、平淡无奇的导购员了。料想每次客户听完"真可爱"之后，都会觉得敷衍。最终，估计都没有最终了，因为客户已经对她实在无感了。

此处，这个姑娘有没有做到"哄着顾客，不管孩子像不像猴子都能夸宝宝可爱"呢？已经做到了。但是最终还是流失了顾客，闹心不闹心呢？都已经微笑温暖，又曲意逢迎了，但是还是流失了顾客。为啥？不是因为真诚不够，而是因为套路不精。

生活中，需要一些套路。纵然很多时候我们自认为牺牲了一部分真诚，会做人会说话。但是我们很多时候会发现，还是最终给人以敷衍的感觉。因为"太假了"。善意的谎言这种东西，人人都知道，所以大家面对太赤裸裸的善意谎言往往十分反感。如果想游刃有余，还是要认认真真琢磨一些表达技（套）巧（路）。

所以，很多时候你以为的"真诚"，那不是"真诚"，是"自负"，是"自私"。

如上，学习工作和生活中，时时需要做人的真诚本色，处处需要处世的技巧套路。思考、学习和应用一些更让人能够接受、更让人感觉到真实、更让人体验到温暖的语言表达技巧，会让我们和他人过得更舒心快乐，会让我们在职场、情场、市场有更多的机会和成就。

比如：如果再遇到前文的三个问题，我们可以考虑考虑咋办呢？

当女孩问"你爱我吗"这种问题时，只有万年单身狗才会纠结于道理何在。你要么立刻回答："爱非常爱特别爱爱到天荒地老海枯石烂如滔滔江水绵延不绝。"要么二话不说，搂过来开亲，亲一顿之后说："对不起，是我没用，还要让你问我这样的问题。"——记住：女孩要的不是你的回答内容，要的是你的反应速度。

当领导问"你觉得我的想法怎么样"这种问题时，把你褒奖之后的所有"但是怎样怎样"，都改为"而且怎样怎样"的话，就会更好了。人一旦听到"但是"就会有心理预警机制，潜意识里敌意产生，"而且"则会条件反射地被大脑接收为对他褒奖的延续。——记住：比起你说话的内容，领导更关心你说话的态度。

当顾客问"我的宝宝可爱吗"这种问题时，你不要只用"可爱""漂亮"等抽象词汇，还要配合一些表达细节的具象化的字眼，比如"您家宝宝真可爱，尤其是一双大眼睛水汪汪的，一闪一闪像洋娃娃一样。"具体化细节化的表述会增强对方的信任感。——记住：好莱坞的原则，越是虚构的，越要细节满满。

总之，城市套路深，你要回农村？农村已土改，套路深似海。亲爱的朋友们，不要把"真诚"当作懒惰、粗鲁、情商低的挡箭牌，也不要把"套路"视为虚伪、做作、无节操的同义词。在真诚基础上，多学一些套路，多让别人感受到温暖，让自己不失去本属于自己的那部分成就。

最后，一首小诗，聊表结尾：

鲁莽未必真豪杰，
套路何尝不纯真。
任他巨力来打我，
敢叫四两拨千斤。

动手未必真豪杰

小时候一广东回来的叔叔，自豪满满地说爱打架才能吃得开，他自己在那边风光得很，"看场子"的大哥都是"有本事的人"。长大之后我向一个广东夜场老板求证。老板说："没错，最不把自己的命当命的人，我肯定雇。"我听后心里替那个叔叔感到遗憾，本以为的尊重，实际上是看不起。

大学时候跟一个上海哥们吃夜宵，我开玩笑说："你们上海男人最厌，光知道吵架，就不敢动手。"哥们笑了，问我："你知道中国历史上最有名的黑社会是谁吗？是我们上海滩的黄金荣和杜月笙。哪个打打杀杀的黑社会能跟闻名民国的杜月笙比呢？但是杜月笙当老大，靠的是打打杀杀吗？"我一想，无言以对。

毕业前跟一台湾同学聊天，说到全国各地武力排行。我说："第一当然是我们东北。"台湾哥们说："你们能打？那九一八事变时候你们被三万日本兵逐出家园？"我无言以对。他说："平时街边内斗不叫本事，关键时刻敢出头才是本事。抗日战争四川出兵三百万，牺牲六十万。这才叫屌。"我听了心里不爽，也不知道说什么。

以上三件事，让我开始反思"爱动手打架"这事。说起"英雄侠客"，有一样特质是"路见不平拔刀相助"。我们小时候有时候也会常常模仿大侠们，动不动就"两肋插刀""仗义出手"。

相信这个段子大家都听说过：大街上两个毫不认识的互相看了一眼。他一句"你瞅啥"，对方一句"瞅你咋的"，然后无冤无仇的双方开打。这听起来是段子，但却是毫不夸张的生活案例。在东北，"只因人群中多看了你一眼"而动手的事情的确时有发生。我小学六年级的时候就有同学因为互相看对方不爽就砍了对方的。

现在仔细想想，以上这种动粗的原因，实在笑掉大牙。

当代人打架的诱因范围很广，利益上的纠纷且不谈，很多都是如上单纯的情绪原因。比如，烤串店里面的两伙人，都觉得对方太吵了，互怼几句然后开打。PS：正所谓"大金链子小金表，一天三顿小烧烤"，很多路边摊烧烤店确实是各地剽悍民风的展览馆。随便进一个烤串店，几乎都有一桌带着文身的汉子，桌子上几十个空啤酒瓶子，一口一个"大哥你有事吱声"。

很多人的"爱动手"习性，根植于恶劣的自然环境、断层的人文传统、复杂的族群互动以及现实的社会需要等综合要素。在制度残缺、强敌环伺、生存艰难的状况下，社会矛盾的爆发集中在低层次的原始斗争。在这种社会条件下，"好勇斗狠"则有着很强的生命力、感召力和建设力。尤其在暴力冲突、利益捍卫、抵御暴力犯罪等非文明的社会状态下，"爱动手"发挥了重要的作用。

听老人们讲，90年代初期边疆某省火车匪帮横行，火车一停，匪帮上车就开抢。唯独来自东北的火车毫发不损，因为东北成年人各个都敢跟匪帮死拼。匪帮上车，东北车厢内人手一把砍刀往桌子上一放，头也不抬，该嗑瓜子嗑瓜子，该打扑克打扑克。曾有相当一段时间，南方很多需要武力维护秩序和利益的行业和领域，比如煤矿护院，再比如夜总会看场子，都会优先考虑东北人。因为在全国人民的印象中，当时的东北人整体上敢打敢杀，下手狠，有威慑作用。

但是，随着社会制度逐步健全，民众思想逐步开化，对外关系逐步融洽，很多人的这种"爱动手"逐渐同建立在规则制度和契约精神基础上的文明社会格格不入了。

在一个靠智力为支撑的文明社会，纯粹的暴力角色始终是边缘和底层。社会中的主角或者领导者从来都是出自善于认知规则、制定规则、利用规则的脑力高手，更是善于协商沟通、协调利益、多方统筹的思维悍将。喜欢用简单粗暴的方式解决问题的人从来不会被尊重，只会被利用。

且不说常规社会的例子，就以最崇尚暴力斗争的《古惑仔》为例。蒋先生从来都不亲自砍人，他每天琢磨的都是怎么跟各个帮派、政府高官搞关系，做生意。四处砍人的都是小弟。活到最后的也基本都是用脑子办事的人，纯粹靠打打杀杀上位的乌鸦、大天二等也都没有好下场。哪怕陈浩南，关键时刻靠脑子才当上铜锣湾扛把子，他在第三集之后也基本不砍人了。

事实上，随着社会的渐趋进步，"爱打架"这事并没有在实际上改善很多人的生存境况，反而愈发让更加喜欢用简单粗暴武力解决问题的人的日子越来越不好过了。且不说需要契约精神的商业和需要协调机制的政界等主流领域，即便在纯粹的以暴力为基础的违法行当中，很多人的地位并没有因为其敢于"流血牺牲"而有所改善,有头有脸的大哥大很少打架,无权无势的小流氓整天斗殴。

水浅王八多,遍地是大哥,不是社会人,净唠社会嗑。比起很多人倾向诉诸暴力解决问题这一状况,更让我感到遗憾的是,我们很多时候并没有意识到习惯于用原始手段解决问题是一个很大的问题。文明社会的标志,是对规则的敬畏和对协商的重视。一切无意识、背离文明社会的行为是可悲的,而一切有意识、背离文明社会的行为是可耻的。

小时候觉得"不行就干一仗"这事很酷,大一点觉得这好脑残,现在想想觉得很遗憾和悲哀。在一个本就因为规则意识淡薄、法制条件欠缺而发展举步维艰的地域,这种推崇原始手段解决问题的思维方式大行其道,不被唾弃反被吹捧,是一种怎样的遗憾和悲哀。

"别磨叽了,不行就打一仗""不服吱声,咱们定点""欠削啊"等话语常常伴随着一种优越感迸发出来。说话人在说的时候总是理直气壮,神情自得。经常听个别人大街上说"你这事要放我,早就动手了",一边觉得嗤之以鼻,一边觉得十分遗憾,因为仿佛一个暴力泛滥的社会环境依旧有着它的土壤。

我们高中一位老师总结国人打架有三个特点：好内斗，不善御敌；为私斗，不争公义；多短斗，不谋远略。结合历史和现实，仔细想想，话虽刻薄，不无道理。总之，当代国人"爱动手"，对于东北人来说，不是一件好事，更不是一件荣耀的事情。

最后引《史记·伍子胥列传》中一段话，聊做结尾：

> 向令伍子胥从奢俱死，何异蝼蚁。弃小义，雪大耻，名垂于后世，悲夫！方子胥窘于江上，道乞食，志岂尝须臾忘郢邪？故隐忍就功名，非烈丈夫孰能致此哉？

钱真的能买到快乐

我有三个钱直接买到快乐的经历。

第一个,理发店办卡。

比起盲人按摩,中国更需要的是哑巴理发。每次在理发店理发师都可以从所有的问题入手最终得出同样一个结论。"哪里人呀?办张卡吧""在哪工作啊?办张卡呀""结婚了吗?办张卡吧"。我在没有钱办卡的时候,真的是很窘迫很尴尬。理发师不爽我也不爽。

终于有一天,绞尽脑汁,循循善诱对我说"今天的月色真美啊,办张卡吧"的时候,一条短信通知我:同学,你的奖学金已入账。当时我血脉贲张,扭头就跟理发师说:"哥你别说了，我办一张三千的卡，你安静理发就行。"然后，在理发师祥和的微笑中，我安静地度过了理发时光。

这是我第一次感觉：钱真的能买到快乐。理发师说得对，那天的月色真的好美啊。

第二个，给我妈买貂皮大衣。

中国女人，"包"治百病；东北女人，"貂"治百病。我妈作为典型的东北女人，一直以来对貂皮有着谜一样的崇拜。小时候我爸给我妈买过一个貂皮，她超级开心。当然那时候我不开心，因为我着急买玩具，说好了逛两天玩具店，结果是逛了两天貂皮店和半个小时玩具店。

后来我的稿费到手了，就想着给我妈买点啥。买啥呢？买个貂。带我妈买貂的时候，看着她开心的样子，我眼泪当时就下来了。说真的，我认为这是我二十多年第一次乌鸦反哺直接尽孝。我妈不仅是开心貂皮，更重要的是儿子挣钱给买的。让我妈那么开心，我很快乐。

这是我第二次感觉：钱真的能买到快乐。那天如此开心，以至于我都忘了给自己买玩具了。

第三个，毕业租房子。

在我即将离开学校到校外工作的时候，看上一个不错的房子，跟房东聊。房东温暖地问："小伙子，你一个月工资多少呀？"我说一个月 N 千。房东立刻冷言冷语说："别聊了，你租不起，我一个月 W（W＞N）千。"然后直接让我离开。市场经济这点好，时间就是金钱，你不值钱，人家都没有任何跟你花心思的想法。至于你的"理想""情怀""信念"，在很多社会现实面前如此不堪一击。房东不在乎你，房东只在乎房租。

面对房东的冷言冷语，我微笑说："阿姨，我们去链家那签合同吧，我今天支付完毕 K（K=12·W）。"房东马上流露出了孩童般纯真灿烂的微笑。当时的我，感觉超爽。我很开心自己有一些能力并且在力所能及范围内，不至于让步于生活而背弃理想。我也感觉很幸运，当理想险些被生活压垮的时候，我还能用才华维护我的尊严。

这是我第三次感觉：钱能够买到快乐。在付房租的路上，我跟和蔼的房东大妈欢欣地聊了一路人生理想和诗词歌赋，她的笑容好灿烂。

回忆起来，小时候看的心灵鸡汤是这么说的："金钱买不到快乐。"以及这句话有个加强版:"金钱能买到食物,却买不到好胃口;金钱能买到药品,却买不到健康;金钱能买到社交,却买不到友谊;金钱能买到仆人,却买不到忠诚;金钱能获得享乐,却无法得到幸福与安宁。"

然而我长大后慢慢发现,金钱真的能买到快乐。当你看着盘子里的剩饭没胃口的时候,金钱买得到你想吃的麻辣小龙虾,让你的胃口大开;当亲人疾病缠身的时候,金钱能买到最好的医疗服务和珍贵药物让亲人免于更多病痛;当你觉得自己没有朋友灵魂孤独的时候,金钱能够让你穿梭于世界各地美景与不同的人交朋友;当你觉得你的手下蠢蠢欲动想造反的时候,你可以雇用最棒的律师为你设计出无懈可击的合同,让他背叛成本极高以至于忠心不二;当你身似浮沉雨打萍地流浪街头的时候,金钱能够让你拥有温暖的房子栖身,让你有可以安放躯体的沙发。

说"金钱买不来快乐"的一般是两种人:一种是穷又没有希望的人,通过否定金钱的意义对困顿窘迫的生活状态以心灵自慰;一种是富且朝气蓬勃的人,通过否定金钱的意义来对居高临下的人生境况以精神淡定。而中间的人呢?除了极少数安贫乐道,有着独有的信仰享受高层次的精神快感外,绝大多数都在奔走忙碌于挣钱,争取用金钱买来更多的快乐,没工夫扯淡聊鸡汤。

如今，我们长大了。我们简单的人生经历以无数的形式无数次地告诉了我们一个直观的道理，那就是钱虽然带不来一切快乐，但是确实能够买来一些快乐。从理论到实践，从概念到生活：钱，可以催生部分幸福，也可以消灭部分痛苦。

弗洛伊德认为："幸福产生于压抑的需求突然得到的满足。"

正像生活中我们遵循的那样，通过花钱来解决压抑的时候，我们是多么开心幸福。小时候零花钱买来的渴望已久的动画贴纸，长大后花钱买到了自己倾慕已久的偶像演唱会门票，省吃俭用两个月工资奖励自己每次逛街必看的一个包包，通过多年努力为自己和爱人购买了一间属于两个人的房子。

当然，我们绝对不是"拜金主义"，认为金钱万能，可以满足一切需求。我们只是想强调金钱在很多时候、很多方面，能够给人带来某些方面的快乐。我不否认，金钱带来的快乐大多数是相对来说浅层次的低级快乐。人类通过智力上的创造、权力的征服、艺术的美感等这些高层次的快乐才是真正值得追求的。

但是要补充三点：

1. 高层次的精神快乐只适用于极少数人，绝大多数普通人无法企及这些快乐。相比于以上，金钱消费则是一种对于绝大多数人来说触手可及的快乐。

2. 即便每个人都有机会享有高层次的精神快感，但是我们也并不否认金钱带来的低层次快乐依旧可以让人飘飘欲仙。

3. 这些高层次精神快乐的维持，也都是在一定程度上基于金钱，靠着金钱维系的。权力的制度维护，科研的设备资料，艺术的材料环境等等都需要钱。

弗洛伊德还认为：缓解苦难的方式有三种：分散注意力；替代性满足；麻醉物质。

首先，钱可以帮助我们分散注意力。比如经历失恋我们需要"散心"，可以周游世界，远比宅在家里固守伤心地要好得多；又比如考场失利，我们买一盆麻辣小龙虾就远比纠结在食堂咽面包开心得多。

其次，钱可以帮助我们获得替代性满足。比如当我们无法拥有周杰伦一样的生活时，钱可以帮我们买到周杰伦的同款衣服、车子；又如我们无法当君王，我们可以花钱购买帝王般皇室服务，让自己体验到一些顶级体验。

第三，钱可以帮我们购买麻醉物质。比如酒，一醉解千愁。都说"李白斗酒诗百篇"合法，需记得，喝酒很费钱的。李白喝酒的时候："五花马，千金裘，呼儿将出换美酒，与尔同销万古愁。"

如上，金钱虽然不是万能，但是金钱确实可以获取部分幸福，消灭部分痛苦。生活中用钱买来的幸福快乐，不用多说。如果有什么比"买买买"更能简单粗暴带来快乐的，那就是"买买买买买"。

君子爱财，取之有道，待之有节。虽然金钱能够带来部分幸福快乐，但是绝大多数人的人生目的都不是金钱，而且都可以并且应当为了一些理想、信念、底线拒绝无数特定情况下不义之财的诱惑。但是，当合法、合情、合理的收入来临时，我们不要错过一分，因为那都是我们幸福快乐的潜在增量。

以及，人最怕的就是缺乏方向感。没有方向感就会颓废，懈怠，堕落，退化，乃至平庸。所以，人在等待和未知中要善于给自己设立目标，哪怕这个目标不是所等待的方向。一旦有了目标，就会有无穷的动力和勇气。这个目标的意义在于陪伴，陪伴你度过一段彷徨的岁月，让你无论大方向结果如何，这段路总会不虚此行。

在理想路上奋斗着的你，如果你前途迷茫，不知所措。起码可以先给自己一个小目标，比如：多赚一点钱。

最后，回顾一下三位古人给我们的温馨提示：

司马迁："天下熙熙，皆为利来；天下攘攘，皆为利往。"——司马迁发现，赚钱是一个如此有趣的事情，他的小伙伴们都在忙活。

李斯："诟莫大于卑贱，而悲莫甚于穷困。久处卑贱之位，困苦之地，非世而恶利，自托于无为，此非士之情也。故斯将西说秦王矣。"——李斯认为，大丈夫就应该努力赚钱养家，每天自吹自擂"与世无争"算什么本事。

孔子："邦有道，贫且贱焉，耻也。"——孔子嘱咐，不好好赚钱真的是对不起祖国、对不起社会。

给"读书无用论"扒层皮

之前网上流传一个故事叫"第一名和最后一名"的故事。大意就是班级第一名努力学习,最后考大学,在大城市打拼,为生活所累,早早死去。第二名不好好学习,吃喝玩乐,到了大学年龄去打工,腰缠万贯,锦衣玉食,天伦之乐。此故事用这两个实例来"警示"大家:何必好好学习,不学习也能成功。

去年高考期间,有个段子,列出了两份名单,一份是清朝不是很有名的状元,另一份是清朝科举不第,但是日后成为知名历史人物的落第秀才。发现人们都不认识状元们,而只认识落第秀才们。以此来告诉即将高考的孩子们,高考成功是没有必要的,高考不成功一样可以功成名就。

总有人以比尔·盖茨没有毕业、乔布斯没有毕业、迈克尔·戴尔没有毕业、詹姆斯·卡梅隆没有毕业等一大堆例子，来告诉那些总挂科没毕业的人，说："没有必要一定要毕业。"他们会反复鼓吹："没有学历也没有问题，社会最看重的是能力。"

以上的例子，确实存在，但是他们个案的偶然性被过分夸大为普遍性了。统计学上有一个概念，叫"幸存者偏差"（Survivorship bias），此概念驳斥的是一种常见的逻辑谬误（"谬误"而不是"偏差"），这个被驳斥的逻辑谬误指的是只能看到经过某种筛选而产生的结果，而没有意识到筛选的过程，因此忽略了被筛选掉的关键信息。

具体说来就是，我们看到的很多"传奇"，是因为其身上具备的一些偶然性因素决定着他成为传奇。然而我们却将其偶然性的成功因素放大为普遍性甚至必然性的因素，竞相效仿，最终悲剧。诸如"×××去了××省就飞黄腾达了，你也去吧""×××做××生意就发财，我也干这个吧""××药张三吃了好使，我也吃这个吧"等等。

社会上很多人就是：只看见贼吃肉了，没看见贼挨揍了，更没看见很多死掉的贼吃不上肉。就觉得做贼就可以轻轻松松大鱼大肉，然后就去做贼了。结果绝大多数不具备做贼能力又无视风险的人，锒铛入狱，身首异处。

关于"读书高考学历"这件事，大量的"读书无用论""高考何必论""挂科随意论"就存在着这种"幸存者偏差"。这些论调以极其少数的个案和艺术夸张的手段来渲染读书、高考、学历的无用。他们用个案替代普遍，将个别学习过程出现断层的成功者作为其成功的有益补充甚至重要理由，略去了此类成功者真正赖以成功的天赋和机遇，从而制造了"不学习，没问题"的假象，迷惑和鼓动大批学生放任自流。

当然，今时今日绝对不是"万般皆下品，唯有读书高"的时代。学历不代表一切，在社会上实际适应和成长的能力更是一个人长远动态的核心竞争力。但这并不等同于我们可以忽略学历，否认读书，摒弃高考。我们要看到一个人全面素质的培养和整合不依赖于"读书高考学历"的可能性，更要看到其不依赖于"读书高考学历"的局限性。

有过学历断层的成功者绝对不是因为"不毕业"等这些因素，事实上，他们是已经具备了足够非凡的天赋，在努力和禀赋之上，不需要通过绝大多数人不得不需要的教育，就能实现绝大多数人不能够实现的成就。没有这些极其偶然的因素，他们是不可能取得成功的。对于很多自诩为"学历不高而能力高"，故而放任自流终日网游的"自 high geek"来说，他们能够模仿学业断层的成功者唯一的东西，就是"辍学"这一行为。

历史上的伟大人物尤其是天才人物，往往在其年少时就会表现出高于同龄人的与众不同之处。尤其是那些不经过常规教育便取得非凡成就的人，更是在极早的时候就呈现出了流光溢彩的才华。而我们只是看到了他们精彩生活故事的一鳞半爪，对其天赋、机遇知之甚少，却要模仿他们的"另辟蹊径"。

对于绝大多数人来说，大家并没有非凡的天赋和才华，更多的人往往需要按部就班、跋涉人生才能够取得体面的生活、幸福的家庭和稳定的事业。如果一味向往和模仿他们的非常规发展模式，不考虑他们的特殊境况和我们的具体情况，而信奉和鼓吹"读书无用论""高考何必论""挂科随意论"，则是害人害己。

天赋到了一定程度才能当饭碗用。不是每一个向往自由的灵魂都可以挣脱世俗牢笼从而获得纯粹自由。绝大多数人不是天才，而是普才，是要通过自身努力才能崛起的普才。如果我们踏实努力，才可能取得很好的人生成绩；如果我们放任自流，则必然悲剧人生，一事无成。

学习，对于大多数人来说，是进入更高平台，掌握更多资源，拓展最优人脉的最高效方式。如果我们放任自流，不学无术，则承担着巨大的错失良机的风险。毕竟，蓬生麻中，不扶而直。一个好的平台能够让一个人接触更优质的资源，与更优秀的人并肩战斗和擂台对阵，在概率上我们会更接近我们想成为的样子。

另外，在学生时代因为对学习任务的随意和不屑，导致对自身的放任自流，随心所欲。这种随性和放任的学习习惯和思维方式，则是对每个人坑害最深的。专注，自制，坚持是成功者必备的品质。而绝大多数人只能依靠教育获得，如果没能够在青少年时代通过教育养成优秀的品质，那么一生很有可能都将在拖延、懒惰、执行力缺乏、自制力缺失、注意力涣散中浑浑噩噩。

对于很多"读书无用论""高考何必论""挂科随意论"者来说，这些论调的最大意义其实并不是"励志"，而是"遮羞"。因为如果将这些他们一败涂地的事情从存在价值上打倒，那么将会证明他们自身的失败是冤案，这对他们的窘迫境况是一种非常好的安慰和麻醉。他们会难得获取一些优越感，即：你看看这些铁证，我虽然现在不努力不如你，我以后一定会比你强。

然而事实情况是，通过学习养成了良好习惯和思维，获取了优质资源和平台的佼佼者，不断努力，成长和成就。而那些终日放任自流，自欺欺人，批量吸食"精神鸦片"的阿Q们，则被越甩越远。眼睁睁看着曾经就领先他们的佼佼者把财富、地位、美女、掌声统统揽入怀中。而他们到了四五十岁的时候不得不在同学的汽车尾气中领悟：少壮不努力，老大徒伤悲。

至于很多人攻击的"高分低能"这种现象，事实上"低分低能"在社会上更多。很多自诩社会能力强的人，并没有什么业务精专，而只不过是抽烟喝酒打麻将打dota。"书呆子"不是因为读书呆，他可能干啥都会呆，只不过同样作为一个呆子，他会因为多读了书而比其他呆子活得更好。

"读书无用论""高考何必论""挂科随意论"除了精神鸦片麻醉自我导致故步自封和惨遭淘汰之外，还有就是让本来介于踏踏实实学习和嘻嘻哈哈瞎混之间的群体倒向了放任自流那边。很多本来就意志薄弱的孩子和大人，本该好好学习，但是被这些"选择性偏差"的案例和说辞误导，不冷静分析自身状况，最终耽误了自己。

所以，处处各种宣扬"读书无用论""高考何必论""挂科随意论"的"人生导师"们，请您将您的学习理论放到自己和自己的孩子身上就好了。现在家长和老师们本来就被折磨得战战兢兢，孩子们本来就被诱惑得莺莺燕燕，已经经不起你们折腾了。求你们高抬贵手，放有上进心但是意志薄弱的弟兄们一马！

综上，精神鸦片少碰，精神食粮多吃。坦然面对自身，理性审视生活。当我们再次泛起"学习无用"的想法时，不妨冷静自问："我们是否足够天赋异禀或机遇过人？"如无，且去充电；如有，且行且惜。在力所能及范围内，以最高的概率和最低的风险，不断提高自我实现的成功率。

最后，以《马太福音》(25:29)一段聊表结尾，与大家共警：

> 因为凡有的，还要加给他，叫他有余；没有的，连他所有的，也要夺过来。

世间并没有多少文艺青年

看了一期求职节目。一个哥们台上求职原话说："我是百年难遇的文学奇才，如果企业不用我，那就是企业的损失。"众老板纷纷表示好奇，便让他展示一下。他写了一副对联送给了职来职往"上联：职来只为争富有；下联：客道更要漫他乡。横批：职来职往。"说完之后得意满满，大家表示无语，纷纷质疑他的文学功力到底如何。

然后又提出能否说一个代表作。这哥们激情饱满地说："百川融汇海乃大，壁之无欲千仞钢。大乐大欲兴头起，事半功倍本领强。往事不堪回首忆，一心只为爱疯狂。长江后浪推前浪，笑问众生谁最强。"大家灭灯之后，一个相对中肯的嘉宾，对这个求职者有一个心平气和的评价："他不是一个坏孩子，只是一个傻孩子。"

平心而论，这位求职者的两个作品如果作为爱好或者娱乐其实无可厚非，但是要说作为文学作品，而且还是"百年难得一遇"文学奇才的作品，确实有点叫人不可接受。即便我不是什么作家或者文艺评论家，但是凭借我基本的语文阅读能力也可以判断，他的文字最多是文学爱好者的水平，而不是诗人的水平。无独有偶，小时候在学校也好，长大了到社会也好，总看到一些自诩为"大才子"的人，将自己一些相对普通的文学创作当作是"文化瑰宝"来看待，使自己原本有情调的爱好扭曲为不务实的追求。

将原本稳妥的爱好自捧为超凡的"瑰宝"，是一种浮躁。当面对社会客观的评价不愿意接受真相却自认为"怀才不遇"，也是一种浮躁。在我看来这种浮躁的一大原因，就是不健康的读书心态，过分狭窄的读书选择以及缺乏深度的思维活动。

作为一个闲暇时候不爱出门的死宅，阅读是我唯二的爱好之一了。我发现自己以前读书有个问题，就是太热衷读"小资类书籍"，很多时候将此类书作为唯一阅读资料。我没有能力给"小资类书籍"做一个清晰甚至笼统的定义，我所指的大概就是一些包装精美、语言优美、略有思考的书籍。这些书籍的可读性强，不重视逻辑和内容，侧重文字的美感，大多以文学艺术类为主体，最多的是一些语言很美的散文和故事。很惭愧，我没有能力说清楚下定义，相信每个人心里都能联想起几本"小资类书籍"。

书分多种，读书目的也各有不同。有为学术，有为情操，有为考试，有为恋爱等等。在现在这个高压又快节奏的社会，很多人读书是为了休闲娱乐。"小资类书籍"往往成为医疗精神创伤、缓解思想疲劳、维系生活热情、呵护恬淡休憩的不二选择。所以，大家平时读一读小资类书籍，觉得它是闲情逸致、快活身心非常不错的选择。

"小资类书籍"一大特点就是门槛低，通俗易懂。相比于晦涩难懂的学术经典，"小资类书籍"阅读难度相对较低，基本无须高强度的脑力劳动便可读懂，其阅读过程基本不需要太高的智商和持久的思考。所以，作为闲情逸致、陶冶情操的甜点类精神食粮，"小资类书籍"非常合适，毕竟当读书作为一种休闲活动的时候，需要高强度的脑力劳动确实不是优选。

但是如果错把休闲当学习就麻烦了。"小资类书籍"内容毕竟是科普性和休闲性的，纵闪烁着哲理光芒也终究是散碎思考，无系统研究。它对个别问题的思考往往浅尝辄止，其打动人的往往是语言的优美和角度的新奇，而非思考之深刻、逻辑之严密、数据之翔实等等。如此，如果将个人学习或修

146

为依赖于"小资类书籍",则风险巨大。

我们思考的深度和精度往往依赖于我们阅读的深度和精度。如果我们将阅读"小资类书籍"作为某个方面能力的支撑,我们往往容易在很浅的思考基础上得出很不可靠的结论。甚至,由于我们在一个非常浅的层面上尽情遨游,便觉得自己已经对某个领域的某个问题思考得很"深入"了,从而往往会对自己的实力有所误判,严重者会滋生自大心理(读过两本书就自认专家者也大有人在)。而这种误判以及自大心理,对我们的危害要更深刻。

所有小资类书籍之中,诗歌美文类是最流行的了。而一些文学功底不深、阅读量很有限的普通青年一旦对书籍和自身认识不清,就"误入歧途",堕落为"文艺青年"。事实上,很多自诩才子的"诗歌"等作品挺一般的。有些"诗人"确实自我判断有偏差,他们够不上"诗人"的称呼,顶多是"诗歌爱好者"。

最无奈的就是一些文学根基特别弱,自我认知能力特别差的"文艺青年"。经常看到一些"文艺青年",他们的成长历程就是先看过一些诗歌后,就觉得自己收获巨大,智光重朗。读点文艺书籍,就觉得自己满腹经纶了。然后就是偶尔有一些基本的创作,遇到不识货的读者赞叹几声,然后就扬扬得意,自认"天赋异禀"。轻则动不动就说自己是"大才子",重则说自己"旷世奇才,百年难遇"。

所以,我们会发现一些基础薄弱但是读过一些书的"文艺青年",常常通过读小资类书籍作为主要学习途径,在基本不用强度思考的领域和范围不断进步,竟然滋生自大倾向,甚至封闭在自己的小圈子,结果就成了普遍的"怀才不遇"。怀才不遇就这样通货膨胀了——"真才实学"的普遍稀缺反而造就了"怀才不遇"的通货膨胀。

"文艺青年"和"二×青年"就一张纸的距离。同样是诗歌美文书籍,明白人就当作爱好,陶冶情操,滋养精神的甜品补药;糊涂人就当作专业教材,赖以傍身的武功秘籍。好端端的一本本好书,一层层精神进步的阶梯,竟然成了个别"文艺青年"走向夜郎自大的铺路砖。我们的内涵不可能因为几块精神点心就吃成一位奥林匹亚健身先生。小资书籍容易让人自觉牛×,实则傻×。对于真正追求精神进步的人来说,越是有收获,越是要警觉。

"作家大门"一打开,是人是狗都进来。要说所有职业中,最不需要门槛的就是作家。不管你是盲聋哑还是纯文盲都能成名,前提是你真的有好作品。(我丝毫没有对优秀作家不敬,只是强调这个群体中多么容易鱼龙混杂。)现在,有一部分自诩为诗人或者作家的"文艺青年",大多有四个共同的特征:阅历浅,读书少,气量小,缺思考。很多儿歌诗歌,拿着客套当鉴定,拿着质疑当嫉妒,拿着无聊当孤独。

其实大家没事写东西玩玩没什么,再烂也无所谓,毕竟是玩嘛。文学爱好,即便是最简单的写日记也值得尊重。但是过分的文艺自负就会引起反感。如果轻易拿着自己的作品当作文学瑰宝可就有问题了。文学终究是要靠生活积淀支撑起来的精神坐标来标示作品价值的。不是说你读了几本诗歌你就是满腹经纶,也不是说你拼凑过多少句子你就是才华横溢。"怀才不遇"的"文艺青年"们,醒醒吧。

施主,听老衲一句劝:真不是凑点句子就算作家……没错,多来几个空格换行也不行……

施主,再听老衲一句劝:你所有"伟大作品"加起来就是一堆垃圾代码,你的真实粉丝可能都不如你家楼下的哈士奇多……

施主,最后听老衲一句劝:读书是个精神旅程,旅程中一定要记得前途和归路。读书如人生,两个方向最关键,一个是出门,一个是回家。

那些不能再幼稚的成熟

很多人认为"虚伪""世故""做作"等是成熟的标志。我们要么抱怨社会浮躁,人性丑陋,真诚没有活路;要么认为成功者都是骗子,都是靠欺骗愚弄上位,比如:"政治家和企业家没有好人。"

很多人理解的"成熟",就是牺牲独立精神和思考,迎合领导或大众,说昧心的话,做违心的事。我们很多时候错把奴颜婢膝、圆滑世故、尔虞我诈、两面三刀、欺上瞒下等当作"成熟"。然而,那些被误认为成熟的纯粹虚假言行,不是成熟,而是一种幼稚。

"真诚""修养"和"变通",三者结合,才是成熟。"成熟"的出发点是正心修身,落脚点是为人处世。正心修身时时妥善，为人处世处处得体，才是成熟。"真诚"是基础，"修养"是方式，"变通"是技巧。三者缺一不可：

不真诚，无修养，只求变通，便虚伪粗鄙。贱人一枚。
不真诚，不变通，只求修养，便虚伪莽撞。古董一枚。
无修养，不变通，只求真诚，便莽撞粗鄙。傻×一枚。
能真诚，有修养，不变通，最多为迂腐偏执的文人。
能真诚，懂变通，无修养，最多为急功近利的商贾。
有修养，懂变通，不真诚，最多为反复无常的政客。
能真诚，有修养，懂变通，才是真正意义上成熟的人。

子曰："弟子入则孝、出则弟，谨而信，泛爱众，而亲仁。行有余力，则以学文。"孔子认为，从小先学真诚，学正心；然后学修养，学修身；再后学变通，学为人处世。如果一个人学习的内容和过程有所混乱和缺失，则很容易出现人格瑕疵，影响为人处世和人生轨迹，严重者可能会酿成悲剧。

很多人没有修炼好内功，便盲目模仿招式，不仅毫无威力，还弄得自己伤痕累累。一边咒骂真诚无用，修养坑人，一边但求虚伪做作，四面碰壁。自家本事不行，却怪人家秘籍不好。这种东施效颦，贻笑大方，害人害己。

对"成熟"的偏颇理解和偏执践行，导致了大量的误解。

让很多社会阅历有限又不深入思考的人把"拙劣的言行表演"错认为"成熟",进而对"成熟"嗤之以鼻或邯郸学步。同时,一大批嗤之以鼻者借此形成了道德优越感,堂而皇之地打着他们理解的"真诚"的旗号,批判着伪劣的"成熟",做着幼稚的事情,紧锣密鼓地伤害别人。比如,"对不起我很直"。

很多人根据他们理解的"成熟",热衷模仿表演情怀和理想。他们在努力演绎着自己身上从不具备未来也很难具备的东西。就像他们捉襟见肘的智商一样,他们"成熟"方面的演技太烂了。他们越是表现成熟,幼稚越是暴露无遗。在他们每一次冠冕堂皇地强颜欢笑或花枝招展地鼓吹理想时,我们都能听到他们灵魂的拧巴声。

专注弄虚作假,推崇圆滑世故,这些只是模仿了"成熟"的最易模仿、最浅层次、最不入流的皮毛。将精力过分倾注在"变通"上,而不思品质的坚守与内涵的积累,注定要走到死胡同。

很遗憾的是,大学和步入社会的早年,本该是一个锤炼真诚品格,积淀殷实涵养的最宝贵、最难得、最关键的时段,很多人对最宝贵的品质嗤之以鼻,对最稀缺的能力不屑一顾。

忽视修养积淀,丢弃真诚内核,而痴迷于一些奇技淫巧的"做人本领"或蝇营狗苟的"社会法则",这是我能想到最大的青春悲剧。最终,很多人要么成了贱人,要么成了傻×。

那么具体的成熟是怎样的呢?很惭愧,笔者阅历太浅,读书有限,只能抽象感知,无法具象表述。而且笔者距离成熟更是十万八千里。但是,我觉得有三个例子可以成为真正的成熟典范。

孔子智斗阳货

一个乱臣贼子叫阳货,为了见孔子,送了只小猪给孔子(根据礼法,孔子要拜访以回礼)。孔子不想见他,就趁他不在家的时候去拜谢他。谁想回来路上竟然遇上了阳货。阳货对孔子说:"有才却不用而听任国家迷乱,这叫仁爱吗?不叫!喜欢参政而错过机会,这是聪明吗?不是!岁月不等人啊!"孔子说:"我答应你,我将去做官。"阳货很满意,然后俩人散了。

首先,孔子找阳货不在家的时候去见他,既能避免见到阳货,又遵守了礼法。其次,面对来者不善的阳货,孔子通过沉默,既避免了置自己于更危险境地,又避免了刺激对方让事情恶化。最后,阳货都说完后,孔子的回答更是精妙:"我未来会去做官。"注意,孔子只是说"未来会去做官",而没有清楚表示"什么时候做官",是否"为阳货做官"。看似认同应许,实则委婉又彻底拒绝。

孔圣人从头至尾,没有假话,不折气节,既保全了个人信念,又做到全身而退。圣人的大成熟和大智慧,一战尽显。

吕端大事不糊涂

宋朝皇帝准备把一个叛将的老妈杀掉。宰相吕端得知后,马上跑到皇帝那讲了"项羽要煮了刘邦父亲的故事",提醒皇帝"做大事的人不会顾虑父母"。"陛下今天杀了老太太,明天就能捉住反贼吗?如果捉不住,那只能结下怨仇,更坚定他的反叛之心。"太宗觉得他说的很有道理,问:"那你说应该怎么办呢?"吕端说:"不如妥善安置老太太,打攻心战。"太宗连连点头。后来,叛将的儿子感念大宋对奶奶的照顾归顺了。

吕端既让领导听了舒坦话,又替领导解决了麻烦。吕端不是一味明哲保身,眼看皇帝做傻事,不是冒犯天威,直言犯上,而是旁征博引,循循善诱,直戳皇帝小心灵。一方面让皇帝通过历史比较意识到自己的错误,一方面又勾起皇帝对解决方案的好奇,更能够提出妥善的解决办法。

毛主席对叶帅的评价想必大家都听过："诸葛一生堪细谨，吕端大事不糊涂。"说的就是这个吕端。他的这份临危不乱、挺身而出的担当很难得，这份从容不迫、以柔克刚的成熟更神奇。

徐阶曲意事严嵩

明朝时候鞑靼兵临北京城下，给嘉靖皇帝写了逼降书。首辅严嵩向皇帝建议求和纳贡，大家敢怒不敢言。二当家徐阶也很不爽，但是表示："皇上，投降可以，但是这个外交公文是汉文，不是蒙古文，外交上不符合礼节哎。让鞑靼人重新写一个吧，写好了大家都有面子！"皇上觉得合适，严嵩也觉得合适。然后徐阶建议皇帝在求和期间，顺带整军备战，通知诸侯来京救驾。结果，鞑靼人弄完公文，救驾大军到了，鞑靼人傻眼退兵了。

严嵩是投降主义，徐阶是缓兵之计。徐阶没有直言冒犯严嵩，在皇上面前闹纠纷，而是提供了一个形式上附和严嵩，实际上另辟蹊径的方法，在维护好严嵩的情绪和心思的前提下，一边抵制了投降求和，一边实现了退敌千里。徐阶不仅保全了自己，还把事办了，又把人交了。高手。

就是这个徐阶忍辱负重多年，干掉了明朝第一奸臣严嵩，栽培了明朝第一能臣张居正。有兴趣的读者可以去进一步了解徐阶是以怎样过人的心机和城府将权势熏天、老奸巨猾的严嵩父子一枪爆头的。

如这三位先人，真正的成熟是真诚、修养和变通的结合。这种"成熟"，是真正意义上的成熟，不是奴颜婢膝或两面三刀，也不是信口雌黄或欺上瞒下，而是从容不迫，游刃有余，以柔克刚，人情练达。真正的成熟既不伤害任何人的情绪和心思，又守住原则，保住独立人格，并且实现个人想法以及家国理想。

对"成熟"有误解的人，或许可以尝试反躬自省；对成熟有"偏见"的人，或许可以撇去精神洁癖。守住原则，积淀涵养，精修变通，在万卷书、万里路、万种人的沟通和交流中，心怀英雄梦想，做到人情练达，实现家国理想。

最后，与大家分享席慕蓉的一小段诗《成熟》：

> 童年的梦幻褪色了，
> 不再是只愿做一只
> 长了翅膀的小精灵。
> ……
> 不再写流水账似的日记了，

换成了密密的

模糊的字迹。

在一页页深蓝浅蓝的泪痕里,

有着谁都不知道的语句。

第叁章 值得被传承的不是优越感，而是同理心

一切优越感都源于见识的有限。见识越有限的人，越容易嘲讽他人的好恶，越容易因为评判别人而发生纠纷。坐井观天的青蛙心中，谁说天是无限大的，谁就是脑残。

你要的是道理，我要的是情绪

我曾经发了一个内容：

"朋友们，我最近开始打羽毛球，在××官方旗舰店买了一个拍子，粉配紫，炫酷极了。可惜没打到第三次就掉了一小块漆，虽然拍的效力丝毫不减，但是没有以前完美了。心塞。"

然后，账号后台铺天盖地的回复。一个小情绪小抒发，竟然成了钓鱼帖。

这条信息，有的人读出来"穷"，有的人读出来"炫富"，有的人读出来"做广告"，有的人读出来"玻璃心"，有的人读出来是"爱粉色的GAY"，有的人读出来"矫情"，有的人读出来"卖二手货",有的人读出来"新手不懂"等等。

其实,我只是随口一句不开心,便有了这千层浪。

这条信息,有的人教导我"早就该买烂的",有的人教导我"多磕两下",有的人教导我"新手不应该用高端拍",有的人教导我"练好技术才关键",有的人教导我"应该内心强大",有的人教导我"广告再软一点"等等。

果然,我哪怕随手一个不如意,必有那些百晓生。

这条信息,有的人哄我说:"这就是你的限量版啦!"有的人哄我说:"东西不能一直新嘛。"有的人哄我说:"如果是我,我也心塞。"有的人哄我:"摸摸禅师。"有的人哄我:"这是维纳斯之美。"有的人哄我:"要开开心心哦!"以及一个最让我感动的话:"把地址给我,我再送你一个。"等等。

没错,我就是找个安慰,谢谢每一个读懂我、信任我、关心我的朋友。

这个场景,大家想必不陌生。我们只要有点不开心,就有人教你做人,给你讲道理,谈人生,甚至质疑你,挖苦你,讽刺你。但是,很多我们不开心的时候,无论大小,只想有个人哄哄我们就好了——仅此而已。

打麻将输了,就别跟我讲赌博的危害或者金钱如粪土,只需要带着我撸串就好了;工作被老板虐待了,就别跟我讲马云之路或者皮革马利翁效应,只需要陪着我逛街就行了;火车上遇到贱人吵架了,就别跟我讲君子之道或者将心比心了,只需要跟着我吐槽bitch就可以了。

女朋友哭闹说"你不爱我了",你不要解释和论证,你只需要一个拥吻、一顿大餐、一双高跟鞋——她比你还明白她在犯公主病;室友矫情说"考试又砸了",你也别分析和提示,你只需要几盘花生、几声兄弟、几瓶啤酒——他比你还清楚他在发神经;领导叹气说"孩子不听话",你也别指点和批评,你只需要噢噢,嗯嗯——她比你还确信她在更年期。

很多人关心你飞得高不高;也有人关心你飞得累不累;还有人拿着手机盯着你,嫉妒你,造谣你,等你摔下来拍照发微博。对于第一种人,彼此祝福;对于第二种人,衷心感恩;对于第三种人,不用太在意。要记住,比你牛的人是没有空把恶意放在你身上的。

基本的道理谁都懂,很多时候大家需要的只是一个肩膀和拥抱而已。当别人不爽的时候,不要到他或她的面前讲道理、谈人生、说技术,你不知道人家内心嘲笑声多大。热衷展现成熟,本身就是一种幼稚。朋友,下次看到眼泪,不要急着开动大脑,何不首先张开怀抱。

最后送大家一副对联,与朋友们共勉:

庸才苦,英才亦苦,将庸才围英才甚是苦,苦铸英才;
聪明难,糊涂更难,由聪明入糊涂尤为难,难得糊涂。

每个时代都有自己的周杰伦和易烊千玺

说到易烊千玺，很多 80 后都不认识。他是谁呢？就是 TFboys 组合里面的舞蹈担当。他很火，以至于很多人不理解，在网上对很多千玺的粉丝冷嘲热讽。

论帅，娱乐圈新老帅哥琳琅满目；论唱，我们是听着周杰伦长大的 80 后；论舞台表现力，五月天风生水起。就我个人而言，回答一下很多 80 后的问题：易烊千玺有什么资格成为偶像？

首先，韧性努力。易烊千玺十岁已经可以跳精湛的 popping 了。我当初首先被这与他年龄不匹配的精湛舞艺征服。有过真正努力为某件事或者某项技能全力以赴日复一日付出过的人都会知道，没有随随便便的成功。从这几年的资料来看,他的演艺水平越来越高。这种与他年龄不相匹配的精湛技艺的持有,说明易烊千玺从小也有着寻常孩子不轻易具备的耐力和韧性。他的成功绝非很多成年人眼中"仅靠包装和炒作"的结果。

其次,谦虚礼貌。他在做人方面的成熟,起码在公开媒体表现出来的成熟,也让我觉得与他这个年龄不相匹配。从参加访谈节目时对主持人和工作人员的恭敬,到参加颁奖典礼见到其他艺人时握手鞠躬和落座,再到面对粉丝和记者过程中始终表现出来的淡定,以及获得奖项时眉宇之间的从容。很多同龄甚至已经年长的艺人都不能做到的谦卑得体、从容温和,在这个少年身上一应具备。如非家境熏陶,就是高人指点。

最后,温暖爱家。一个已婚男艺人(如黄磊)秀恩爱,我们会粉他暖男爱人;一个已婚女艺人(如孙俪)秀宝宝,我们会粉她时尚辣妈。而一个年少的小艺人如易烊千玺每天秀婴儿弟弟,则很难不让旁人萌点尽戳。易烊千玺喜欢秀弟弟秀家人,对成年人和青少年都有很强的杀伤力。在成年人世界的娱乐圈,今天离婚、明天劈腿、后天反目,乌烟瘴气的环境下,有一个眉清目秀的小少年,每天洋溢着温馨,着实戳人。

所以，现在可以回答很多朋友的质疑：这个小子有什么资格成为偶像？

作为一个自幼努力取得的成就同龄人极难超越的少年，千玺有资格成为偶像；作为一个坐拥千万粉丝并依旧谦卑谨慎彬彬有礼的艺人，千玺有资格成为偶像；作为一个身处娱乐圈大染缸而始终阳光温暖居家的清流，千玺有资格成为偶像。

我的所有喜好和观点并不能阻挡很多人在生活中和网络上对新生代偶像及其粉丝的冷嘲热讽。不过，请80后们在质疑奚落前，不妨回忆一下年少时候的自己。

今天很多少年们痴迷易烊千玺的样子，让我想起了中学时代我们粉周杰伦的情景。还记得当年粉周杰伦时候的你吗？

将自己中午买饭的零花钱偷偷攒起来买一张周杰伦的海报，每天挂在家里偷偷欣赏。到学校边的各种小摊挑选周杰伦的贴纸，贴在作业本或者桌面上。在电脑互联网没有那么普及的情况下，每天盼着拥有一个MP3播放周杰伦的《爱在西元前》，单曲循环。最拿得出手的生日礼物就是周杰伦的最新专辑《八度空间》——那时候，所有关于周杰伦的新闻都是大事。那时候的车马很慢，我们只想一步，两步，三步，四步望着天。

然而，那时我们的家长老师们又是什么态度呢？

"他唱的什么啊一句都听不清，这也叫歌吗？""你看他那个样子吊儿郎当的，学他干什么。""现在这些明星蹦蹦跳跳的，不好好唱歌有什么可看的。""你每天听他的歌都学坏了，都不好好学习了。"各种批判质疑，言犹在耳。

但是，不是我们无知，而是大人们不懂。

那不叫"听不清"，那叫"R&B"；那不叫吊儿郎当，那就是一种自由随性的生活态度；那不叫"蹦蹦跳跳"，那叫作舞台表现力，叫台风；那不叫"我听他的歌会学坏"，要知道，我听的歌曲叫"听妈妈的话"。各种吐槽无力，此起彼伏。

周杰伦从小单亲，辛苦努力，天赋异禀，一点一点通过自己的努力和才华有了当时乃至今天的位置。作为一个艺人，作为一代天王，他承载了我们很多人的部分青春，而我们当时没有机会为偶像正名。当父母老师们凭借经济压力和权威身份对我们的粉丝身份和状态予以驳斥和打压的时候，我们生气，流泪，郁闷，心塞。

我们当时那么幼小，如今独当一面，我们终于熬到可以捍卫自己偶像、捍卫自己生活方式、捍卫自己价值判断的年岁和地位了。我们终于可以堂而皇之地聚在一起，在朋友圈，在KTV，在街边烧烤店大声歌颂周杰伦，大声歌唱《七里香》了。

就像《英雄本色》里面小马哥说的那样，如今高声唱着周杰伦的我们，要对曾经充满审美压迫的世界宣告："我忍了这么多年，不是想证明我自己了不起，只是要让别人知道，我失去的东西我一定能拿回来！"

就像当年父辈们指责奚落我们"无脑粉周杰伦"一样，我们也开始对后辈的偶像审美随意指手画脚了。比如，我们很多人批评后辈"这三个小孩有什么好的？""这吵吵闹闹的怎么能跟×××比。"

我们生活独立之后，开始逐步接管娱乐审美的司法权和话语权。于是，"我们的偶像才配叫偶像"的想法愈发强烈，曾经让我们吃尽苦头的审美霸凌从我们心中喷涌而出。当一大批新生代偶像冉冉升起，掌声和鲜花被更疯狂的后辈们"错献"的时候，我们开始"想不通""看不惯""忍不了"后辈少年们对新生代偶像们的迷恋和崇拜。

记得小时候每次电视上出现周杰伦，我叔叔都会说："真不理解你们为什么喜欢他，他算啥啊，哪能跟张学友比啊！"我说："你什么都不懂。"叔叔说："是你不懂什么叫真正的音乐。"

而每当叔叔听张学友的时候，爷爷会训斥他："你们现在听的都是些什么乱七八糟，多听听京剧，那才叫艺术！"叔叔说："你能不能别老顽固。"爷爷说："现在的年轻人的审美太让人失望了！"

怎么样，这些对话模式我们想必不陌生吧？比如"现在这些明星哪能跟周杰伦比啊"！或者"真不能理解为什么EXO这么火，那些脑残粉知道什么叫真正的摇滚吗？知道什么是五月天吗"？一旦后辈顶嘴，我们会说："现在的粉丝都太脑残了。"

就这样，这种鄙视链进行着代际传承。每一代人都觉得上一代人的喜好"落后过时"，都觉得自己一代的喜好"经典长存"，都觉得下一代的喜好"浮躁浅薄"。

爷爷们说："只有戏曲表演艺术家的东西才叫艺术。"叔父们说:"周润发张国荣邓丽君张曼玉才配叫偶像经典。"我们则说:"华语乐坛再也无法涌现出周杰伦陈奕迅孙燕姿蔡依林这样的天王天后。"

而后辈们呢?不好意思我不知道他们说什么了,因为我没有给他们在我面前夸奖自己偶像的机会。每当讨论他们喜欢的新一代偶像,我要么语重心长地告诉他们应该听周杰伦陈奕迅,要么咄咄逼人地怒斥他们的"盲目无知"。

我们就像父辈一样,我们用自己的审美评判,武断凌驾于后辈的审美评判之上。就像祖辈给父辈和父辈给我们造成的审美压迫一样,生活中我们以"过来人"自居,颐指气使地教导他们"应该这样";网络上,我们以"文明人"自居,声色俱厉地批判粉丝们"无脑愚昧"。

终于,"Hi,那个蛮横、傲慢、自负的成年人,长大后我就成了你!"

然而,事实上每个时代的审美都基于特定的历史条件和社会状况,随着科技进步,时代的变化以飓风般狂飙向前。伴随着日常生活的加速推进,审美等社会价值评判愈发多元,价值体系的新陈代谢加速。

今天我们认为美不胜收的事情，明天可能就弃之如敝屣；今天我们正嗤之以鼻的人物，明天可能就奉为上宾。比如当年我们用"土豪劣绅"作为侮辱性词汇，如今我们高呼"土豪我们做朋友吧"；比如当年我们挞伐刘翔，如今对孙杨温暖贴心；再比如当年我们对艳照门攻击谩骂，如今我们感慨陈冠希真是娱乐圈"生不逢时的一路清流"……

所以，在娱乐审美这件事情上，尤其是娱乐明星的评判上，没有必要太自以为是。我们都无法忘记当年父母撕扯周杰伦海报时我们的心酸与压抑，我们也不难揣测如今我们批判少年们的偶像时他们的凄苦与切齿。就像我们期待父母能够理解和接纳我们当年的喜好一样，我们不妨对自己也有一些期待：善待不能理解的后辈的审美喜好。

我小时候能想到的幸福事情之一，就是花爸妈的钱，跟家里人一起听一场周杰伦的演唱会，为他们解释每一句唱了什么。如今我能想到的幸福事情之一，就是跟着弟弟妹妹，花自己的钱，看一次周杰伦和他们喜欢的 Bigbang 的同台演出，我给他们讲亚洲天王的故事，他们给我翻译韩流世界的摇滚风暴。

喜欢自己的偶像，包容他人的偶像。不奚落粉谭咏麟、罗大佑、Beyond 的大伯们"落后过时"，不夸耀粉陈奕迅、孙燕姿、五月天的自己"时尚经典",不霸凌粉 TFboys、EXO、Bigbang 的弟弟妹妹们"年少无知"。走自己的路,不拆他人的桥;听自己的歌,不抢他人的耳机。

每个时代都有自己的审美与执着,每个时代都有自己的周杰伦和易烊千玺。既然自己的迷恋曾被莫名污为盲目,那么就不要轻易把别人的痴狂定为脑残。

毕竟,值得被传承的不是优越感,而是同理心。

高晓松师兄您说得对,但是您别急

高晓松老师曾经在一期节目中对于当代名校毕业生的择业观有过一些讨论。面对青年人的迷茫与一些稍微功利性的选择,高晓松老师快意恩仇,口无遮拦,始终是对青年学子"爱之深责之切"。高晓松是名门之后,也是才子,学生时代就是扛着吉他退学的"问题少年"和"风云人物",之后更是全能复合型才子。

高晓松的点评与其说是针对某位青年人,毋宁说是对当前清华乃至整个社会精英意识的庸俗化和不满理想主义功利化的一种发泄。

记得当年校园歌手大赛决赛,高晓松作为点评嘉宾,就对获奖礼物颇有微词:"当年我们奖品是一本《雪莱诗集》,

而现在是一部手机。"言语之中，淡淡忧伤与无奈。高晓松的理想主义和施一公老师的理想主义异曲同工。生活是什么？是"诗和远方"。名校是什么？是"责任与信仰"。他们都是作为成功者（在普遍意义上的成功者），对有能力继任者的一种期待、一种嘱托、一种督促。他们希望具备和他们差不多禀赋和机遇的人，能够像他们一样具备理想主义情怀，在这个国家和民族的灵魂前沿一骑绝尘。

但是，与其说"同学们关注就业，思考在施一公老师、高晓松师兄眼中的'鸡毛蒜皮的小事'，是基于个人不同的价值判断和路径选择"，毋宁说是"同学们屈从社会压力和束缚，苦于个人出身和能力，碍于家庭责任和阻力的无奈之举和理性妥协"。对于绝大多数人来说，包括清华北大的本科，很多人就是很普通，即便是考上清华，也只是换了一个地方当屌丝而已。我们当中的很多人一生之中最大的成就可能就只有考上清华这一件事情，而我今天依旧不能确定过了十年二十年是否还敢说自己是清华的本科生。

清华毕竟只是一所学校，它要对抗的，是我们社会和家庭对我们长达二十年左右的熏染和塑造。来到清华这个精神沃土和教育圣殿，一个屌丝首先需要弥补的与其说是知识结构上的欠缺和智力发育上的硬伤，毋宁说是为人处世的历练和视野情怀上的死穴。出身偏远农村初来北京，不可能认为室友的爱马仕凯莉包毫无意义；来自大城市的小市民不可能不讨论外企工资高，公务员待遇好。我这种出身普通，家乡偏远高中时候的小学霸，在精神上达到清华的平均值就要努力这么久。这个过程中有多少泪水、苦水，遭多少白眼、嘲笑，无须赘述，懂的人都会懂，不懂的永远也不会懂。

想想这和清华无关，只是清华这种理想主义圣地之内，过分强大的现实主义显得太突兀与显眼，但却因为清华的光环而无人在意。就如同太阳黑子，显而易见，却因为太阳的光芒太闪耀而无人正视。这是进入一个远高于家乡平台，所有普通人的共同境况。不管你清华北大、人大复旦、哈佛耶鲁、牛津剑桥，"屌丝思想"——考虑眼前，着眼现实等——的系统洗刷，四年清华未必能完成，十年清华也未必能完成。因为，穷×还是那个穷×，弱×还是那个弱×，丑×还是那个丑×，傻×还是那个傻×。

高晓松前辈是才子，施一公老师是大神，他们不会理解言辞穷困的苦，他们不会体会毕业无望的疼。他们是通过努力和坚持，再加上一点点机遇就可以获得鲜花和掌声的人生赢家。对他们来说，我们清华同学，我们这些大多数平凡者的落后与平庸，以及争取不是太落后和不是太平庸而付出的努力和做出的姿态他们是不会理解的。诚然，有些时候我们不够努力，不够自制，但是自制和努力有时候在实际操作中只是幻想。对于很多人来说，就是不具备持续早起的能力，这种毅力和精神看似人人可以，实际上比智商的鸿沟更难逾越。比方说：每次宿醉都觉得这样不对不好，但是还是有下次。

那么清华是不是总要有点特别的东西？名校是不是总要有点不一样的地方？我个人觉得，有的，而且一定要有的。就我而言，来到清华最大的收获就是种下了一颗"理想主义的种子"。理想主义的实践和理想的开花结果，靠的是天赋、出身、机遇等综合因素，他们构成了理想开花结果的土壤和水分、阳光和空气。清华已经尽可能地提供给大家理想的条件，但是毕竟我们很多人来自盐碱地，走向撒哈拉，太不具备实现理想的机会和条件了，太没有希望让理想开花结果了。

但是，毕竟母校给了我一颗种子。

这颗种子，可能我在别的地方得不到。如果没有清华给我的这颗种子，哪怕有一天我有机会家财万贯，割据一方，我很有可能也不会造福于民，积德行善，而是只顾自己享受，鱼肉乡里。如果说清华给我最大的东西，让我真的有一些高晓松师兄说的"名校意识"，让我觉得自己有什么东西敢带着校徽出去走走，我觉得大概就是清华给我的这颗种子——可能一辈子不会发芽，但是一辈子都蓄势待发的种子。

高晓松师兄和施一公老师强调的是这颗"理想种子"的必要性，学校就业引导和同学们对前途的现实考量，则是着眼于这颗"理想种子"的可行性。这本就是一体两面，只不过对于牛人、富人、美人和笨人、穷人、丑人来说哪个侧重点更多、哪个更紧迫而已。

但是，施一公老师和高晓松师兄强调的这颗种子的必要性，在当前种子可行性实现概率如此之小的情况下，确实有逐渐被忽略的表象。毕竟，有这颗种子，没这颗种子，确实不一样。因为这将决定你永远是一块沙漠，还是有可能成为绿洲；即便你一生都是沙漠，起码让后人，偶然的考古者在你的这片沙漠发现你这颗绿色的种子，感受到你曾经对绿色的渴望。

我不粉高晓松，但是有件事对他很佩服：他在监狱里面翻译了马尔克斯的《昔年种柳》。他多少粉丝，多少作品，都不让我觉得他是一名清华人，一个理想主义者。因为太多艺人比他强。但是这一点，让我看到了清华教育在他身上的烙印。这是我目前所知进入监狱的艺人不曾做到的一种清华情结，一种他自己主张的"名校情怀"——即便在最灰暗的时光，不忘记心中的点滴理想，而一旦有些许机会实现，就全力以赴快马赶上。

清华也好，其他兄弟院校也好，终究是有一批如施一公老师、高晓松师兄可以直接践行理想的人。如果你的家境殷实，有被社会广泛认可的异禀天赋，那么恭喜并祝福你，因为你有资本，有条件直接接过理想主义的大旗，去为了理想奋斗。就像那些特奖大神一样，如果社会都已经认可了你，觉得你身上有一些注定辉煌的东西，那么你要好好利用它们。你要相信，如果这个世界上有个人注定要与众不同，出类拔萃，那这个人就是你。这就是我理解的清华人，名校人。

如果你确定你是那种万千宠爱的命运宠儿，希望你能够好好利用你的才华和资源，这样不枉费上天对你的眷顾。你要明白你的幸运是我们大多数人一生不可能具备的。你要很努力很努力，因为你身上浪费的才华和资源是多少人用血汗祈求而不得的。而且如果你有这样的幸运，请你尽早地走向你应该有的事业，为这个社会利用你可以利用的一切非凡天赋和资源。你和我们普通人坐在一起走寻常的路，对自己和对社会都是一种浪费。这就是我理解的清华人，名校人。

但是亲爱的朋友，敬爱的大神，当你取得了成功之后，希望你能够记得这个世界上还有一批普通人，一批只能走在普通道路上获取社会资源，与你们的理想还很远的普通人。是我们支撑了这个世界更多的角落，为你们搭建了基础的平台。希望当你在闪光灯下领奖的时候，不要忘记对我们微笑，替我们发声，推动融合与进步，让这个世界可以有更多的资源给平凡的我们，让我们有更多的机会像你们一样让清华的情怀实现，让施老师和高晓松的批评不再。这就是我理解的清华人，名校人。

如果你和我一样，只是普通的家庭和平凡的才智，又没有过人的机遇，这一切都没有，或许我们也只有先找一个稳定的工作，做一个安分的人，或许哪天一样可以成功——虽然不是惊天动地的壮举，但是一样可以有体面的生活、幸福的家庭和坚实的社会贡献。但是希望施一公老师，高晓松师兄，不要急，不要伤心，我们的理想种子还有。有机会，我们会让你们满意的。这就是我理解的清华人，名校人。

这个世界上注定有极少数人做着高端大气上档次的事业，更多的做着平凡琐碎无精彩的工作。但是，即便是这些普通琐碎的工作，依旧面对着充满机遇的世界。无数人的实例告诉我们，平凡的路上一样可走出精彩。我们本就没有必要一定要做得多么不平凡、多么惊世骇俗，因为注定的平凡也有注定的魅力，普普通通终究是绝大多数人的属性，这属性也可以很美。追求理想却宠辱不惊，向往伟大也甘于平凡。这就是我理解的清华人，名校人。

当我们无法拥有的时候，学会鼓掌，懂得知足，已经是能够做到的最美。我们可能注定一生平凡，但是只要去慢慢积累，默默改变，我们这些寻常人家长大的普通孩子，靠着持续努力积累点滴成果的人，也值得拥有好的人生，也将会拥有好的人生。我们靠不懈的努力总会收获一些偶然的幸运。我们依旧可以在未来给予更加弱势的社会群体真正的温暖，让没有资源的角落不绝望哭泣，帮助无法替自己说话的人有话可讲。侠之大者，为国为民。这就是我理解的清华人，名校人。

突然想到了《平凡之路》那首歌："我曾经问遍整个世界，从来没得到答案。我不过像你像他像那野草野花。冥冥中，这是我唯一要走的路啊。"唱着这首歌的朴树和写着这首歌的韩寒就是从这平凡之路上一路走来。我想对高晓松师兄说："师兄您说得对，但是您别急。"

岁月催人婊，日久见人腥

有一条恶龙，每年要求村庄献祭一个处女，每年这个村庄都会有一个少年英雄去与恶龙搏斗，但无人生还。又一个英雄出发时，有人悄悄尾随。龙穴铺满金银财宝，英雄用剑刺死恶龙，然后坐在尸体身上，看着闪烁的珠宝，慢慢地长出鳞片、尾巴和触角，最终变成恶龙。

岁月催人婊，日久见人腥。曾经的我们是勇士，如今的我们是恶龙。

记得童年最阴影的事情就是某些阿姨问："哎呀，期末考试了，考得怎么样啊？"你还不能不理她，因为她号称是关心。然而我们绝大多数时候考得确实不好，对这种行为就是嗤之以鼻，愤懑无比。我们基本上已经完全受够了这种打着关心旗号，实则伤害满满的"恶龙长辈"。

时光荏苒，我们长大了，很多朋友的宝宝也都上学了。然而过年回家，曾经受苦受难被问到考试成绩如何的我们，如今也开始问朋友家的宝宝："期末考试考得怎么样啊？"而我们甚至很多人会从孩子尴尬的眼神中获得快感，尤其是当个别人的孩子成绩优越于自己朋友的孩子时。——岁月催人婊。我们，就这样成了恶龙。

小时候我们极其反感"倚老卖老"。对于很多人仗着年岁大，存于世界的时间长，利用自身的年迈状态自以为是并蛮横无理，我们往往嗤之以鼻。尤其是那些莫名其妙走到我们面前训斥的陌生人长辈，我们杀之不能，恨之不够。因为毕竟他们是成年人，他们是老年人，我们的传统美德中用"尊老"绑架着每一个幼小的心灵。

时光荏苒，我们长大了。我惊奇地发现，我们也开始对下一代或者年岁低的少男少女左右看不顺眼，横竖指指点点。就像60后抱怨80后"不学无术"的"垮掉的一代"那样，我们也会莫名其妙地抱怨90后00后"不务正业"。然而事实上他们的"不务正业"仅仅是我们不了解的领域而已。我们当年被误解和委屈的泪水，从我们的心里，流到了他们的心里。——岁月催人婊。我们，就这样成了恶龙。

刚步入社会的时候，我们会被一些人穿小鞋，原因仅仅是他们因为电梯上跟人发生口角而要找个人发泄一下情绪。我们在没有做错任何事情的情况下被劈头盖脸批评一顿，还要告诉自己这是"锻炼自己"。我们对这种霸凌的流氓行径咬牙切齿，在无人的角落对这种欺负弱小的行径破口大骂。

时光荏苒，我们长大了。我们融入社会三五年之后，也慢慢走上了一个小小的领导岗位，手下也开始有了一个两个刚刚步入职场和社会的小青年。突然有一天，大领导骂了我们一顿。一肚子憋屈地回到岗位上，身边的小助理一不留神碰了我们一下，随即被破口大骂"没长眼睛啊"！那一刻，我们狰狞的面目与五年前欺负我们的人一模一样。——岁月催人婊。我们，就这样成了恶龙。

我们曾经如此鄙视欺凌，蛮横，霸权；我们曾经如此漠视功利，算计，嫉妒。然而长大后发现，这些曾经嗤之以鼻的种种，如今的我们一应俱全。曾经自认为"出淤泥而不染"，如今真的进入了池塘之后发现，未等"荷花映日"，我们却早就"遍体鳞泥"。我们活脱脱地成长为当年鄙视的人。

曾经我们没有过的问题，现在开始有了，比如幸灾乐祸；曾经我们有过的问题，现在开始加重了，比如嫉贤妒能。我们曾经那样信誓旦旦，睥睨贱人；而如今我们又如此唯唯诺诺，坦然作恶。我们已经完全忘了当年那个白衣翩翩、声色俱厉的受伤自我；我们也忘了如今已是衣冠楚楚、腹黑苟且的真实自我。

岁月催人婊，日久见人腥。很多义正词严、慷慨激昂的翩翩少年，终于都成长为他们最鄙视的群体：精于算计，嫉贤妒能，飞扬跋扈，欺软怕硬，首鼠两端，唯唯诺诺……

我们是背叛了自己吗？不是，我们只是不了解自己，高估了自己。

我们常常误判了人性。人性中的真善美永恒存在，但是却不是稳定的存在。很多人的内心都有着阴暗的种子，而随时会有艰辛或者放荡的雨露让这个种子破土而出。我们自认为不会如一些人那样苟且和猥琐，往往只是还没有机会或境况促使，诱使，或者迫使我们变成那样。

小时候没有经历过为了争夺一个位置的处心积虑，只是每天面对一张试卷的我们，当然从容地指责个别叔叔为了升职而卑躬屈膝；小时候没有经历过吃了上顿没有下顿的饥饿，每天只会为了吃什么而发愁的我们，当然可以奚落为了几顿饭就点头哈腰的流浪汉；小时候没有过大权在手的自我膨胀，顶多做值周生查红领巾的我们，在骂个别头目飞扬跋扈的时候自然是痛心疾首。

我们还是知道是非对错，只不过已经没有机会执行了，因为我们不得不面对柴米油盐甚至生死存亡。我们的实力，根本撑不起我们的骨气；我们的资源，根本养不起我们的纯真。

在社会大染缸之中，我们渐渐变得对真善美钝感，对自己难得的愉悦和生存利好则大大关注。激烈的竞争压力让很多人无力呵护原本的灵魂底色，唯有放纵内心的野兽才能挣脱社会压榨的每一根链条。

岁月这样催我们娛，我们该当如何？

或许，日渐更娛的我们，可以考虑在力所能及的范围内捍卫一些底线。当环境的险恶和艰辛敦促我们瓦解一些不得不突破的节操，我们还是要能保留多少就保留多少。比如我们已经被领导批得透不过气，我们完全可以不选择谩骂下属而是大吃一顿；再比如我们不得不挖走对手的技术骨干，我们也完全可以不再以胜利的姿态羞辱对方，而是低调以羞愧状相逢一笑。

或许,日渐更娛的我们,在力所能及的范围内"己所不欲,勿施于人"。我们总是有一些自己也不爽、别人也不爽的事情，是可以不做的。比如，很多人可能忍不住要通过对竞争对手的散布谣言来获得成功，但是我们起码可以不再问邻居家孩子成绩如何；再比如我们可能不得不背信弃义开除一部分下属，但是我们起码面对踩到你脚的流浪汉报以微笑。

或许日渐更婊的我们，在力所能及范围内警惕自我，再思他人。我们不要随便说一定不会成为某某那样的人。因为我们真的无法判断哪天的处境是否比我们鄙视的那位更极端，我们的惶恐程度是否比我们鄙视的那位更激烈，我们的龌龊程度是否比我们鄙视的那位更卑劣。

总之，岁月催人婊，日久见人腥。岁月并不以我们理想的状态演进，人性也不以我们设想的模样存活，我们便不可能口口声声说将以怎样的状态潇洒人生。毕竟，低估环境的复杂，是危险的；低估人性的复杂，是致命的。

有一小撮中国家长

今天跟一位初中老师电话聊近况。他告诉我,他被学生家长告状了。理由是家长觉得这个老师讲课不好,以及家长没有给老师送礼,就把他孩子调到了后面座位。我安慰之,他呵呵。说:"这么多年习惯了。你上初中时有些家长也这样。"我一算,十多年过去了,有些家长们确实变化不大。

中国有那么一小撮家长,蛮奇葩。这一小撮家长年轻时就不懂得什么叫克制、勤奋、隐忍。他们缺乏良好的修养和稳定的品质;他们偏执狭隘又自以为是;他们好逸恶劳又怨天尤人;他们虚荣心强又咄咄逼人;他们有改变现状的欲望,没有改变现状的思路和努力;他们对自己年轻时候的期待已经绝望,便将自己的希望完全倾注在孩子身上。

他们希望自己的孩子"好"——根据他们期待的样子，即具备满足自己不能满足的欲望的能力。比如，财富、权力、社会地位等等。但是，即便他们期待孩子"好"，他们却不知道怎么能让孩子"好"，因为他们自己就缺乏如何变"好"的经验，也没有形成让孩子变"好"的思路，还不能够营造出让孩子变"好"的环境。

没有能力不是大问题，没有谦卑的态度和积极的内省是大问题。他们一方面急切地想让自己的孩子"好"，一方面却把教育的主要责任推给他人。孩子出现问题不去考量自身责任是否到位，教育方法是否得当，而是遇事推诿，遭难抱怨，逢场作戏，得意忘形。

他们将自己的希望——更准确的表述是自己的欲望，倾注在孩子身上的同时，他们也将多年养成的攀比、炫耀、嫉妒和不甘心全部倾注在孩子身上。"脑残的孩子早当家"，在他们的孩子还在上小学甚至牙牙学语的时候，就已经开始要为家长的虚荣心和优越感负责。这一小撮家长会通过各种算数、背唐诗、下跳棋等方式来向四周人炫耀自己的孩子更加出色，从而获得一种巨大的虚荣。

然而，杰出的宝宝们毕竟是极少数，更大多数还都只是平凡的孩子，平凡地成长。面对这样无奈的现实，家长们不是将精力倾注在如何让孩子开心成长和踏实教育上，而是一面在公开场合高声喧哗诸如："我们家孩子很聪明，这些题都会，他就是不认真。"一面在私下里边暴打孩子，边怒喝："你看看人家的孩子！"

这一小撮家长年轻时候对自己不切实际的幻想早已破灭，他们已经习惯于被血泪淋漓的残酷现实鞭打得体无完肤。然而黑色幽默的是，他们的孩子可预见下的平庸未来让他们的自尊心雪上加霜。那么，面对孩子阶段性的教育失败，他们会怪谁呢？

他们会怪自己吗？不会。就像他们一直将所有失败归因于外部环境那样，这些家长也往往将孩子的教育阶段性失败归咎于学校、老师和社会。他们永远觉得自己生不逢时，怀才不遇，因为"性格太直"而不被待见，因为"人好"而总被欺负。"我自己这么好，我孩子的问题怎么可能是因为我呢？！"

他们会怪孩子吗？不会。老话说："媳妇是别人的好，孩子是自己的好。"毕竟，孩子遗传了自己的血脉和基因。"怎么会差呢，毕竟我自己那么好！"他们的眼中，自己的孩子哪怕再叛逆、再平庸，永远也都是好孩子、潜力股。自己的孩子不存在任何智力上、品质上的硬伤，缺的只是一个负责任的老师、一个合格的学校。

于是，他们更加焦虑，更加心塞，更加绝望了。他们除了对孩子通过家庭暴力（比如考不好打一顿）和物质奖励（比如考 100 分买辆四驱车），这种简单的大棒加胡萝卜手段，便将所有的教育责任全部推给外面。

怪谁呢？怪配偶？——怪 tā 的事那么多了，也不差这一件。"都是 tā 不管孩子，每天不着家！""回家了对孩子也不上心！""但是，tā 就那样了，也不能换，也不能吵，给外人看了我们家不和睦我也丢人。"

怪谁呢？怪社会？——就像年轻时候怪自己失败，不是"富二代"那样。"都是电视上那些花花肠子把孩子教坏了！""都是那些油头粉面的唱歌跳舞的把孩子的心弄散了！"但是，别人家孩子也都天天看电视、追星啊。大环境没啥区别，说不通啊。

对！就怪学校和老师！

"学校就是教孩子的，学习不好，就是学校的原因。"这是这一小撮家长的普遍逻辑。他们认为，学校的责任就是把孩子教育好，教育不好就是学校有问题。我的孩子学不好，要么是学校老师不负责任，要么是学校老师水平不行。

"你学校是干吗的？学生有问题就是你的失职！""我家孩子这么聪明，平时小九九背诵得很利索，数学不考一百分没理由啊。""我家孩子平时在家看电视都能记住，单词背不下来是你老师有问题啊。""我们家孩子从来不打人，老师你说他动手打人绝对不可能！""我们孩子说了，人家六班老师教得好,都给每个学生课后辅导,你怎么就不行呢！"等等。

由此，所有学校和老师的风吹草动，都是导致孩子教育结果不良的主要原因——"班主任最近忙结婚，所以孩子成绩下来了。""第一名是建设局副局长儿子，老师肯定给他开小灶了。""数学老师刚毕业的，所以孩子学不好。""前天我把校长车刮了，所以孩子被调到最后一排了就听不到课了。"等等。

如上，这一小撮家长得过且过的人生状态和推诿懈怠的精神面貌从他们的工作生活迁移到了子女教育的问题上——子女教育"那是学校的事""那是老师的事""我需要做的就是赚钱给孩子补课，攒钱给孩子上大学，想办法给老师买两条烟，实在不行有事了找校长告状。"

他们无法理解教育是一个怎样的塑造过程，也难以接受自己的孩子在先天禀赋上的欠缺，更不愿承认孩子的问题同自己有很大的关系。这一小撮家长完全忽视了作为家长应该在子女教育中扮演的角色。他们平时仅仅将极少数的时间投入到孩子的教育上，但是却要求与他们付出努力极为不相称的教育成果——就像要求其他方面自己的付出与收获那样。

他们根本没有意愿和能力去钻研教育，经营子女，反省自身。他们的闲暇更多倾注在打麻将、斗地主等高精力消耗的个人娱乐上。他们顶多在孩子考试之前骂几句，考试之后打一顿。家长会上红着脸去，找家长后黑着脸回。回家后拿着英文单词考几下，没等孩子进入状态他先不耐烦了，骂一顿，然后把书扔一边，去看《非诚勿扰》了。

于是，他们一边在孩子教育结果不满意的时候谩骂学校和老师，一面处心积虑走旁门左道，比如想办法行贿校长、主任和老师，找校长告状或者要求学校换老师，求教育局领导等等。花大量的精力、人力、物力在折腾学校、折腾老师、折腾孩子上。殊不知，他们最该折腾的是自己。

古语有云："养不教，父之过。教不严，师之惰。"家庭对于子女教育的责任和重要性已经无须赘述。只不过，就像其他所有为人处世的道理一样，某些家长不是不知道，而是不愿意知道，更不愿意执行。毕竟他们已经推诿责任和逃避现实这么多年、这么多事了。

具有严重社会达尔文主义倾向的人认为："很多人不配具有生育权，因为他们无力成功培育后代，从而会阻碍人类进步，浪费资源。"这是一种极为偏激的想法。但是有一点无可否认，很多家长一辈子都是个孩子。他们确实没有履行好个人教育后代的职责，却将责任推卸给别人，不仅对孩子不负责、对社会不负责，还给孩子、他人和社会造成了诸多困扰。

综观这一小撮家长，年轻时候便推诿逃避，偏执懒惰，自吹自擂，虚荣自负。而今天，他们的孩子不知在这种生活态度和精神面貌的教育方式下，会走向怎样的一个未来。我能想到最恐怖的事，就是代际传递；我能见到最恐怖的事，就是正有一大批人，如果他们能有机会做家长的话，即将成长为怎样的家长。

黑格尔们没必要瞧不起郭敬明

徐峥的"囧"系列我都在电影院看的。有一哥们知道以后表示惊讶，问："你难道不觉得这个电影烂？"我坦白讲："我就是奔着搞笑嘻哈的脑残片去的，没指望当个意味深长的电影看啊。"他鄙视我看电影无脑。我说："哥，我都动脑累一个礼拜了，就指望周末看个电影吃着爆米花开心开心，无脑乐和乐和，结果你他妈的还要求我思考人生和中国电影产业！"

TFboys红透了半天。一哥们每次在微博转发这个组合的时候，都会抨击现在"00后无脑""演艺圈江河日下"等等激动言论。有次他问我怎么看这个组合，我说觉得还好。他说："你难道不觉得现在00后喜欢他们很脑残吗？"我笑说："你还记得当年我们喜欢周杰伦的时候，爸妈是怎么骂我们的吗？"他默了良久，以后不再骂了。

我曾对心灵鸡汤一概持负面态度。然而慢慢我发现，心灵鸡汤确实是人在精神上最脆弱乃至接近崩溃时的一剂良药。很多生活窘迫又无力改造的人，如果不喂食自己精神鸦片，则生不如死。他们需要的根本不是真相和动力，而是冠冕堂皇的自欺欺人。如此才能"节哀顺变"，适度活下去。装睡的人可能真的醒着会更痛苦，你何必试图弄醒，又何必责备他装睡。

每个人都有每个人的需求，每个阶段也有每个阶段的需求。不同的娱乐方式和业余爱好都是满足了其个人综合条件下的最合适欲求。没有必要用一个统一的、最理想化的标准来要求每一个人的所有阶段。如果想让每个人都谈科技，讲艺术，张嘴哥德巴赫，闭嘴门德尔松，这是一种极其不现实的行为。思想上是幼稚的，行动上是有害的。

注意，此处不是鼓吹"反智主义"。而是要强调，自认智识阶层的精英没有必要对他们眼中的"乌合之众"的生活方式过分苛求。只要大家在不违背基本事实，不涉及他人利益，不耽误社会公义的前提下，每个人都有权利选择自己的生活方式。就像反对"反智主义"为无知和民粹推波助澜一样，精英主义自负同样警钟长鸣。

少年本就是胡思乱想的年纪，何必嘲弄他迷恋玄幻武侠；老年人多就是信命敬天的时候，何必苛求他绝对唯物。一个中年人事业家庭落寞，看看心灵鸡汤，聊以自慰，安度余生，何尝不可；一个小学文化的工人，无从理解科技前沿，侃侃赵本山和小沈阳，何必笑他们爱好粗俗。你专业，你内行，你优秀，你高雅，你聪明绝顶，你学识渊博，你眼界辽阔，但是这并不等同于你有必要将自己的认知凌驾于他人之上，并以尖酸刻薄的语言表达出来。

这个世界上，并不需要那么多懂相对论的人，也不需要那么多聊黑格尔的人，还不需要那么多听肖斯塔科维奇的人。大多数人只知道也只需要烧香拜佛就会心安理得，他们没必要弄懂克里希那木提；大多数人只想听一段相声哈哈大笑一晚上，他们没必要都在国家大剧院排队看《等待戈多》。他们需要的，不是跟你一样睥睨众生，而是从容地享受生活。

对于绝大多数人来说，他们只能懂最基本的生活、最表层的艺术、最基础的知识。而这些普通人，智力和经历相对平凡的人，占据了社会的绝大多数，也是他们支撑了社会的稳定，为卓越的人铺垫道路。他们只是想茶余饭后，随便聊聊，老婆孩子热炕头。而这朴素的爱好，你至于恶语相向，苦大仇深吗？

看芭蕾舞的没必要瞧不起听郭德纲的，听 BigBang 的没必要瞧不起看小沈阳的，读黑格尔的没必要瞧不起读郭敬明的，聊 ISIS 的没必要瞧不起侃范冰冰的。喜欢梅兰芳的没必要瞧不起喜欢邓丽君的，喜欢邓丽君的没必要瞧不起喜欢周杰伦的，喜欢周杰伦的没必要瞧不起喜欢 EXO 的。大家都是人生路上的孤独行者，你爱繁花，他喜青砖，本就是井水不犯河水。纵然你汪洋恣肆，他水滴潺潺，你又何必对他恶语相向，指手画脚？

我本就是一个不懂影视艺术的吃货，专业影评人的你何必对买票看《泰囧》的我冷嘲热讽；他本来就是一个涉世未深的高中生，饱经沧桑的你何必对迷恋郭敬明的他指手画脚；朴素本分的农民种了一辈子地，就喜欢听两句二人转，海归精英的你何必以"庸俗"冠之；邻居大妈退休以后就想着通过广场舞休闲健康，又不耽误大众睡眠，夜店金腰带的你何必对此嗤之以鼻？

话说回来，你瞧不起我，我还瞧不起你呢。你嘲笑我不懂影视，我嘲笑你不懂生活——看电影本就是生活一部分，未必执着艺术；你讽刺他不懂文学，他蔑视你青春丧尽——对虚无缥缈满是渴望，本是青春本色；老人家眼中的二人转，比你那些听不懂的鸟语有趣多了；广场舞大妈们心中，你夜不归宿又喧嚣吵闹，伤身体又很无聊。

如上，每个人的生活习惯、爱好偏好、价值体系等，都是基于特定的自然地理、国家社会、家庭教育、个人经历等一切社会实践的总和。至于具体的娱乐方式，更是基于个人实践总和的综合条件之上。怒目钟馗，小鬼怕其凶残，百姓爱其肃穆，谁在跟谁起腻？红烧肘子，吃货贪其美味，佛家怪其残忍，谁能找谁说理？

我们观察网络会发现，网上经常对他人正当的生活和娱乐方式恶语相向，谩骂攻击他人好恶的人，往往集中在教育淡薄、视野狭窄、生活环境局促的小群体中。他们通过攻击、嘲讽、奚落他人，来寻找一种智力上的优越感和满足感。

为什么这些人一定要通过打击他人的方式来获取优越感和满足感呢？因为无能。他们没有能力创造，也没有能力改变，更没有能力去做更重要的事情，以及无能力从别的地方获得认同。所以始终挫败的他们，唯一能够找到精神满足，获取优越感的方式，就是利用自己微薄的知识，攻击难得在某方面不足的个别人。以己毕生之长，攻人一时之短。这快感，足够让这个屌丝乐呵半年了。

这种肆意攻击性评判本质上是一种狭隘的优越感。一切优越感都源于见识的有限。见识越有限的人，越容易嘲讽他人的好恶，越容易因为评判别人而发生纠纷。因为每一个没有见过世界多大的人都觉得自己就是全世界，太容易把自己的好恶当成全世界的好恶了。坐井观天的青蛙心中，谁说天是无限大的，谁就是脑残。

然而，当一个人得知更广阔的天地，意识到自己的渺小之后，他便知道自己是多么没有资格来评判别人。自己再优越，在这个英雄辈出，包罗万象的世界都不算什么，他自己也不过就是世界鄙视链上的其中一环。他对别人的嘲弄，只不过是五十步笑百步。他明白，更杰出的精英都没有站出来嘲笑他，而他自己又有什么资格嘲笑别人呢？这些年跟跄攀爬的经历告诉他："杀人不过头点地，得饶人处且饶人。"

百老汇名剧《摩门经》里面讲了这样一个故事。大意就是：两名青年传教士到乌干达传教。一号传教士对乌干达的精神信仰和生活习惯等各种鄙视，用各种高大上的方法给乌干达的落后村庄传道布道，最后结果毫无成效，自己也很惨。二号传教士结合了当地落后野蛮的风土人情，采用了一整套粗俗荒诞的方法，反倒成功将该地村民甚至恐怖分子都引上规范的行为之路。

如剧所示，一个真正的精英，应该是"懂讲究，能将就"。当面对他们眼中的欠智识群体的某些误区，他们会谨言慎行，必要时候才会从观点和知识本身出发，采用理性的分析来讨论问题，而非纯粹的人身攻击和冷嘲热讽。以及他们会尝试性地把手头工作做好，在力所能及范围内，为帮扶欠智识群体做一些具体的事情，比如支教、赠书、修建学校、开设科普网站等等。力量大小，因人而异。总之，他们会是一群风度翩翩的建设者。

萝卜白菜，各有所爱，蛇有蛇路，龟有龟路。不要用自己的专业去鄙视人家的爱好，不要用自己的成绩去霸凌人家的短板。谦卑比渊博更重要，善良比聪明更重要。你已"越优秀"，何必"秀优越"。

大V互撕为哪般

我在账号后台说要聊聊某大V,后台要求"撕她!"的评论如潮水般涌来。看来,关于此大V争议真不小。于是我简单回顾了网上讨论这位大V的文章,发现各路大V曾出手对其各种撕。当然相互之间他们也各种互相撕。

总结下来互相撕的理由有三:第一,彼此的眼中"三观不正";第二,彼此的眼中"套路编造";第三,彼此的眼中"洗稿"抄袭。

关于"三观不正"的文章最受攻击的一批大V,概括来说,就是以社会达尔文主义的价值内核解读中产阶级的市民生活。这种价值观我曾经强烈支持,只不过现在随着一些经历而逐渐瓦解。但是在这种价值内核及其基础之上,对社会生活的解读，以及对在大城市打拼的、具备尚有逆袭空间的屌丝来说，此类文章具有极大的号召力和感染力。这种关于价值观的"正与邪""利与弊""得与失"，因人而异，各有喜好。只能说现阶段的我不完全认同，虽然几年前也曾奉为圭臬。

关于"套路编造"。很多大 V 都是用套路，而且是数一数二的套路高手。这一点无可厚非，每个人操作任何一项工作都是会形成自己稳定的思路和风格。他们善于将生活中的普通事件通过戏剧加工成极端案例，通过极端化的字眼解读成煽动性的观点。爆文圈粉，靠的是人性弱点，人性弱点有七，互联网作家尤其擅利用"傲慢""嫉妒""暴怒"三点。就套路而言，也是爆款文章的经典套路：看标题是炫耀帖，看开头是吐槽帖，看过程是技术帖，看结尾是励志帖。分别勾起了读者的"窥私欲""优越感""求知欲""上进心"——丝丝入扣，步步为营，行云流水，一气呵成。

关于"洗稿抄袭"。这个我不知道真假。但就我个人的推断，自媒体从业人员洗稿的可能性很大。自媒体平台给一大批喜欢文字、稍有阅历、个性张扬的文艺青年以创作鸡汤的大舞台。稍微恋爱多几次，经历惨几次，文字表达能力不差的姑娘就可以开账号圈粉丝。但是，很多原创作者在消耗了自身微薄的积累之后，无法源源不断地提供原创内容了。毕竟，这个智识水平下的眼界和观点就那么几样，结果就是从互相借鉴走向互相抄袭。所以不仅是个别人在被骂洗稿，很多人都在被骂洗稿——毕竟，想天天吃饺子，你有那么多面吗？

综上，我觉得很多大V不过就是自媒影响广、言论争议大、有一定抄袭嫌疑的自媒体写手，如此而已。三观正不正，每个人自有准绳；套路深不深，技术本身没有对错；如果抄袭是真的，确实应该受到谴责甚至惩罚——就像一切抄袭者应得的那样。

当然，对很多极富争议性大V的文章无好恶，不等于我觉得他们没有问题。

作为一个非互联网自媒体从业人员，从圈外的角度看，我觉得很多大V的负面效应主要在于：浮躁了一批对他们极为关注，希望以他们为榜样，立志做自媒体的年轻人。

很多大V在自媒体圈的风生水起、粉丝庞大以及财源滚滚，让很多年轻人误认为自己只要模仿他们，就可以成为下一个他们。毕竟："账号我也可以开"；"骂人我也会"。

由于很多大V文字的通俗表达模式和极端字眼的运用，

让很多人误认为这并不需要什么技术含量，不就是"开个账号骂贱人，反正平时在微博上也撕×，撕×还能挣钱"——既不用像才子那样满腹经纶，也不用像专家那样业务门清。但是，他们光看见贼吃肉了，没看见贼挨揍了。自媒体不是没有门槛，只不过门槛是隐形的。隐形的门槛比高门槛更难跨过，因为你都不知道门在哪儿。

门在哪儿呢？在积累和训练。多年的社会历练，摸爬滚打和文字磨砺才让大V成为今天的大V。看似普通的"两千字撕×"背后是基于多年的训练和积累。一篇爆款是运气，多篇爆款就是技术了。"第三段的位置该说什么话""脑残和傻×什么情况下哪个更戳人""是金融狗还是工程师更能引起共鸣""同样一个矫情的人物在地铁上吐痰塑造成男还是女"等，都是要靠多年积累和训练的。

专科教育三年，本科教育四年，硕士一般三年，博士正常最少五年，想靠一个账号作为一门手艺吃饭，没有个两年工夫做前期积累和训练，可能吗？所以，我倒是希望看见大V有机会多讲讲一些学习和工作上的积累和训练。我相信绝对是一个励志典范，让很多年轻人明白，账号不是你想火，想火就能火，贱人不是你想骂，想骂就能骂。

我虽认为大V在互联网从业引导上有一些误导性，但非常不认同他们负面作用的一些夸大说法,比如"污染了整个网络的文明""扭曲了粉丝的三观""让互联网戾气密布"等等。

我真的觉得很多视其他大V为洪水猛兽的大V有点小题大做了,不知是有意为之还是真那么想。说到底,说破天,大V们只是自媒体写手而已。

《荀子·天论》:"天行有常,不为尧存,不为桀亡。"中国互联网的大方向大走势,互联网舆论环境的大方向大走势,哪怕微信公众号这么一个领域,都是烟波浩渺,一望无垠。不仅是大V,任何一个自媒体人都不可能引领或扭转互联网舆论大潮。任何人再强大都不过是其中的水滴而已。大V再强,也只是一粒大水滴。一粒大水滴跟整个大海比,再大也是水滴。

说大V"扭曲了很多人的三观",并"将人引入歧途"的说法,多虑了;认为"大V是自媒体大毒草"而"群起而攻之"的做法,没必要。读者不是信大V,而是信自己。看大V文章扭曲三观的人,没看大V之前就扭曲了;每天充满戾气的人,不用看大V,他烧香拜佛都会因为插队跟人家争吵。

当下互联网环境下,大V的最大擅长不是引领、发掘观点和态度,而是迎合、复刻观点和态度。大V只不过是把很多读者心中所想用更加极端化的语言酣畅淋漓地表达了出来，粉丝粉的是这个。绝大多数读者读大V的心态或者任何自媒体人的心态都是："哇，她跟我想的一样"以及"好佩服你啊，能把我想说的表达出来"——如此而已。"粉"的前提都是"我觉得你对"，而不是"你对"。

所以，很多大V一方面严重高估自己的影响力，一方面严重低估读者的判断力。大V的粉丝真的不是信大V，而是信自己；互联网上网民不存在"相信谁"，只存在"选择相信谁"。

说到这儿，我想说几句得罪人的话。

很多大V可能太把自己当回事了。一些大V对大V的过度解读，源自自身的优越感。他们之所以如此觉得其他大V"遗患网络"，主要是因为他们太高估自媒体的力量，太高估自媒体写手的力量了。

说真的，开公众账号仅仅就是一个手艺，再大的V，卖艺而已。每个账号写手都是用自己的特定内容服务于自己的特定受众，本质上就是卖艺。开账号写文这事跟楼下烫个头，马戏团耍个狗熊，菜市场蹬个三轮，或者在高盛做个trader本质上也没有区别，就是个手艺，而已。

大家读账号文章，无非就是茶余饭后，地铁床头，闲来看看图个乐呵。本质上账号文章跟口香糖没有本质区别。你告诉我，生活中少了绿箭或益达，会有什么区别？没有账号，人家过得也还行；有了账号，人家顶多多了甜点和谈资。哪怕你突然封号了，人家日子正常过。话说回来，粉丝们失恋了都能熬过去，现在照样每天吃喝玩乐，别说缺了一个账号了。

每个粉丝作为读者都有自己的价值判断和生活体验。真正影响粉丝们三观和生活的，是他们每天生活面对的工资、房价、健康、教育等实际事情，是国家民生建设和社会整体发展，是科学、艺术、政治、经济、企业等巨匠为社会创造的具有恒久价值的精神文明、物质文明和制度文明。这些才真正影响着每个粉丝的生命状态。

所以，真的不是大V们想的那样，自己开账号写网文是在"抨击丑恶开启民智""扒开社会改造体制""引领舆论思潮"。放平心态，别动不动就骂"谁谁的粉丝都脑残""一定要将粉丝从无知中引领出来"。大哥，你要知道，"先知"这种职业六百年前就都被各国政府定性邪教了，你上街高呼"我要帮助粉丝提升境界"，你看城管打不死你。

一门手艺服务一路主顾，一路宴会款待一路宾朋。指着肯德基炖出佛跳墙那是你的问题，奔着新华网播放奇葩说那是你的毛病。黑格尔没必要瞧不起郭敬明，梅兰芳没必要看不上范冰冰。不要用你勤工俭学的身份干涉粉丝黑帮内讧的信念，不要用你茹毛饮血的人生揣测粉丝满汉全席的青春。

总之，人们对待所有账号所有大V都一样，觉得写得好了赞一个，觉得写得烂了就取关，仅此而已。大V们也别太把自己当回事了，想着开启粉丝民智或者谩骂别人的粉丝都没必要。

最后，一首《西江月》，聊表结尾：

道德三皇五帝，功名夏后商周；
英雄五霸闹春秋，顷刻兴亡过手！
青史几行名姓，北邙无数荒丘；
前人田地后人收，说甚龙争虎斗。

临别清华,我有『三怕』

豪杰千年往事,渔樵一曲高歌。星移斗转月如梭,眨眼风惊雨过。

我们毕业了。

暗淡了黄尘古道,离别了鼓角争鸣,看不尽学霸情侣,听不完土豪学神,那吟风弄月的学堂浪子,早就习惯了二校门前的款款春风。就读期间发生了很多牵动着我们神经的大事小情:曼德拉去世、马航失联、周永康落马、周杰伦结婚等等。无论这个世界发生什么,在清华读书的我们都未曾改变对真理、对国家、对青春的信仰和担当。

就像每一届的毕业生引以为荣的那样,比起知识、技能、视野上的提升,清华赋予我们更宝贵的是责任、情怀、担当和信仰。一年又一年的毕业典礼反反复复提倡并传递着清华毕业生对这个国家和民族,在器物上、制度上和精神上发挥着中流砥柱的作用。

但是,临别清华,我有三怕。

第一怕,我怕我变得不愿意"点赞"了。

今天一起毕业的同学们,都愿意为了彼此的幸福和成就点赞并祝福。所有的目光和言语都是饱含真诚的,甜美的。我们觥筹交错,笑语欢歌。

但是,我们是一批成长在比较声中的阶段性"佼佼者"。当我们被多年的压力、挫折、失望等折磨得精疲力竭的时候,还会愿意为曾经处于同一起跑线却已经甩开我们很远的同学点赞吗?当曾经的小伙伴通过竞争淘汰了我们,过上了我们梦寐以求的生活,我们还会由衷为他们点赞吗?

我怕,我怕我的胸襟在彼此打量的目光中越发狭隘,我怕在原本充满爱的心田生长出嫉妒的恶之花。

第二怕,我怕我变得不愿意"做梦"了。

众多杰出人物一方面警惕自己成为精致的利己主义者，另一方面却逐步沦为机械的虚无主义者。在世俗社会的平庸和世故夜以继日的腐蚀下，曾经白衣飘飘的翩翩少年们已经不愿意做梦了，他们已经不会对这个世界、这个国家、这个民族以及他们自己有所期待和相信了。

曾经他们的生活除了眼前的苟且，还有诗和远方。而现在，他们情不自禁地寻找理由，不知不觉地放弃理想，堂而皇之地抛弃责任，理直气壮地同流合污。

我怕，我怕我会如他们一样，生活除了眼前的苟且，也只剩下苟且的诗和远方的苟且。

第三怕，也是最怕，我怕我变得不愿意"认尿"了。

我们毕业的今年是世界反法西斯战争胜利七十周年。在那场人类空前浩劫中，始作俑者以及后来的中坚力量大多如我们今天一样，受过良好的教育，掌握着科学技术，研习过哲学历史，有着良好的审美情趣。但是，就是这批人类文明中的璀璨头脑，在毕业典礼的几十年给人类文明造成了巨大的破坏，他们脱下学位袍后便走向了互相残杀的道路。

七十年过去了。一批又一批以人类真理和正义的传承者自居的高学历毕业生最终沦为了罪犯或战犯。本该留在人类历史功劳簿上的名字，却留在了人类历史的耻辱柱上。我总是以为掌握了更多的知识和技术我们就会对这个社会充满贡献，成为栋梁。但是我们会在历史中发现无数受教育程度更高的璀璨头脑成了危害人类的罪人。

相比于社会中的绝大多数，我们建设力相对更强，潜在破坏力就更大。一旦我们专注利己或偏执自负，便会对社会造成很大甚至不可估量的损失。无数高度发达又知识渊博的高学历者，怀揣自以为是的情怀，秉承偏执狂妄的坚守，给人类文明造成了不同程度的破坏。比如，如果我们再遇到一个疯狂的年代，我们还会一意孤行地砸烂清华二校门及其承载的光荣和尊严吗？

我怕，我怕我和小伙伴们随着个人头脑的丰盈、财富的积累和社会地位的提升而愈发自负、狭隘和偏执，不再敬畏规则、生命、自然和文明。

临别清华，我有三怕。我怕我不愿再"点赞"，因为爱让我们的灵魂精致；我怕我不愿再"做梦"，因为梦想让我们的灵魂矍铄；我怕我不愿再"认怂"，因为敬畏让我们的灵魂优雅。

对丧失爱、梦想和敬畏的恐惧提醒着我曾经是谁，现在是谁，未来要成为谁。

Stay hungry, stay foolish, stay feared.

毕业了，清华再见！

心灵鸡汤的红与黑

我收到了一条关于劝人减肥导致恶果的留言,很受触动:

"我觉得让自己瘦下来变美好是一件非常好的事情。一个朋友很胖,总是减肥失败,也跟她内分泌不好有关。但当时我不知道,只是把一些关于鼓励姑娘瘦身的东西发给她,希望鼓励她瘦下来美起来。可是后来姑娘因为节食患厌食症现在在接受治疗。

"我心里一直很自责。因为我的无知,不知道内分泌失调导致的肥胖并非靠节食和运动就能减肥成功,觉得自己在导致这个不好的结果上起到了推波助澜的作用。因为毕竟这个社会的审美确实要求窈窕,而且也是由于我的无知给一个女孩子过多的压力。

"还是想说希望你写东西在鼓励女生努力瘦身的时候,也能照顾一下那些因为病理原因身材不好的孩子。在以瘦为美的社会中承受别人给的压力,也无法对每个人说自己的苦处。有时候看到这样的文章莫名受到更大的压力,可能会导致一些不好的结果产生。"

刚好,这段留言触发了我最近思考关于"心灵鸡汤"与"心灵耳光"的关系和意义:心灵鸡汤到底有没有用?谁需要心灵鸡汤?

还记得儿时,我们经常信奉和传播"感激伤害过我们的人""放下就是获得一切""关怀内心远比事业成功更重要""女人爱自己就好了"之类的低质量鸡汤文章。这些教科书式的鸡汤鼓吹"无欲无求""看淡一切""感恩一切""与世无争"等人生态度。简单说来,就是"回避现实,自欺欺人"。

随着成长,我们越来越厌恶心灵鸡汤。我们从懵懂无知、钦佩慌乱逻辑但是言语对称的空洞蛊惑的少年,成长为追求干货、窥伺社会真实、反省自身问题、勇闯人间百态的青年。此时,那些浮夸的激励、表扬、安慰,诸如"你是独一无二的""世界只有你最好""相信自己就会幸福"之类的鸡汤,对我们毫无价值。

我们渐渐意识到，只有对人生冷酷真相了解，对人性丑陋百态洞悉，对自我硬伤清醒，我们才有机会以冷静的心理、成熟的态度、务实的目标、稳妥的路线，最大化地接近我们最有可能成为的样子。于是，我们唾弃心灵鸡汤，鄙视自欺欺人，感谢心灵耳光，追求实事求是。

"心灵鸡汤"的危害在于，它过分夸大了主观意念的力量，而忽略了客观条件。它以一种近乎唯心主义的精神内核，以粗暴简单的逻辑，蘸满了绝对化语言的口号，片面夸大了种种理想化状态下某些事情发生的可能性。过分夸大世界积极面可能性和消极面局限性，忽略世界积极面局限性和消极面存在性。让一些人不考虑客观条件，只强调主观意念，最终走入悲剧，抱憾终生。

"心灵鸡汤"告诉我们，"放下"就会拥有一切，"相信"就会有奇迹，"包容"就会有友谊，"微笑"就会有幸福等等。然而我们发现，我们"放下"了，但是穷到连买一碗面都纠结；我们"相信"了，但是最终赔得血本无归；我们"包容"了，但是 bitch 只会得寸进尺；我们"微笑"了，但是嘴唇始终含着血。

"心灵鸡汤"的最大受害者，是一部分出身普通、涉世未深、能力尚可、禀赋不差的"潜力股"。他们本可以通过对自身和社会的冷静判断，设置可行目标，规划合理路径，通过踏实的努力获得自己力所能及范围内最优的生活。结果，他们错信了"心灵鸡汤"片面夸大的一面之词，而将个别以偏概全的口号奉为圭臬，把某些条件悬殊的个体当作榜样，最终一意孤行，自以为是，人财两空，落魄潦倒。

我们虽然要以最理想化来期待这个社会，但是我们不能忌惮以最龌龊来提防这个社会；我们虽然要以最非凡来向往自己，但是我们不能回避以最客观来正视硬伤。一切否定不愿意承认社会和自身的负面的荒诞者，都将受到现实的惩罚。

侬本可以，奈何鸡汤。精神鸦片，诱良为娼。最终，信奉着"心灵鸡汤"的很多人，穷×还是那个穷×，丑×还是那个丑×，傻×还是那个傻×，弱×还是那个弱×。

所以，我们会鄙视痴迷于心灵鸡汤的人，会不屑写心灵鸡汤的人，会愤怒于通过鸡汤干扰了我们在乎的人的人，会遗憾于社会上很多人都迷恋着鸡汤，年轻人不务正业，成功学大师掌声环绕，"青春励志文学"长盛不衰。我们很多人，比如我一直做的那样，会提醒友人，会谩骂坏人，会鄙夷痴人。

然而，随着年龄的进一步增长，社会阅历进一步丰富。我们会发现，心灵鸡汤的市场远比想象的更大。父辈们在进入人生后半段的时候,尤其是当他们的家庭、事业等各方面都没有提升的可能时,他们越来越广泛传播"心灵鸡汤"了。他们的人生越是走向暗淡,他们越会传播鸡汤。

正当我们对父辈无奈的时候,我们很多时候竟然也会很相信心灵鸡汤,尤其是当我们历经失恋、重病、挂科、离职、绝交、丧亲等精神或肉体重创之后,更会不由自主分享那些我们曾经鄙夷的鸡汤们。我们很多时候也会情不自禁地用"舍得""放下""相信"等教科书式的鸡汤语言自我慰藉。

那么,我们为什么又需要心灵鸡汤了呢?我们难道不是对鸡汤嗤之以鼻的吗?原因很简单,因为我们受伤了,伤得很重,近乎绝望的我们需要一尺绷带止住喷涌的心血。反观我们的父辈,为什么他们开始传播鸡汤了呢?因为他们已经人到中老年,"五十而知天命",此生遗憾,大多已无望改变。他们需要一个眼罩,罩住眼前真实的世界,才能告诉自己这一生"如此也好"。

慢慢我们不得不承认,"心灵鸡汤"也有意义。对谁有意义呢?对于精神或肉体处于重创、走投无路、绝望状态的人,很有意义。因为此时当事人在乎和急需的不是逻辑,不是理性,而是抚慰,而是模糊。理性和逻辑只会加深他原本就绝望的状态,将他逼至死角;而抚慰和模糊则会让他缓解伤痛,徐图后计。

对本文开头提到的因为先天原因而减肥有障碍的姑娘来说，她需要的不是一些减肥方法和心得，而是别人告诉她"大白很可爱"；对于一个丧失了至亲的人，他需要的不是告诉他死亡的不可挽回，他需要的是哀号过后的一句"节哀顺变"和"在天有灵"；对于一个一败涂地、行将自刎的领袖来说，需要的不是分析他失败的不可饶恕，而是夺下宝剑，告诉他："主公！留得青山在，不怕没柴烧！"

所以，心灵鸡汤有意义。处于重创乃至绝望状态的人，需要一剂心灵鸡汤抚慰自己，抢救自我。否则，将会无尽煎熬，生不如死，走向毁灭。就像处于癌症晚期，病魔折磨的患者，医生会给他开杜冷丁等药品。对很多人来说，模糊比清晰更耐看，无知比真知更受用。他们不是想掩耳盗铃，而是不得不掩耳盗铃。

我们确实要体谅心灵鸡汤的存在，尤其是对情伤累累的失恋者、逆袭无望的纯屌丝、病入膏肓的苦难者、走投无路的失败者、一事无成的中年人对鸡汤的信奉和追捧予以正视，包容和体谅。毕竟，我们自己，或者我们身边的人，很有可能随时成为其中一员。

但是，我们需要注意，鸦片只能在病入膏肓时用药，极端的药物只适用于濒危的个体。心灵鸡汤可以疗伤，却不能养生。我们是否运用心灵鸡汤，取决于具体状态。如果我们伤痕累累，煎熬万分，前途无光，绝望无助，则需要"心灵鸡汤"；如果我们风华正茂，潜力尚在，空间广阔，来日方长，则不需要"心灵鸡汤"。

对心灵鸡汤的拥趸，我们一方面要"见不贤而内自省"，一方面也要体谅鸡汤拥趸的无奈和彷徨——毕竟谁都有走窄的时候，谁都不知道明天和危难哪一个先到我们面前。我们对平常的自己可以近乎苛刻地要求远离鸡汤，实事求是，积极上进，勇面真相；我们也可以对绝望时候的自己模糊一时，麻醉一下——悲后即止，切忌上瘾。

鸡汤可以有，但是不能多。强者慎沾染，弱者可慢喝。最后祝大家永不需要心灵鸡汤。

肆章 如果爱上野马,就赶紧去开拓草原

——比起忙碌相亲,我们手头任务更紧急的应该是读书、健身、塑形、养颜、赚钱、练修养、懂幽默、拓眼界等自我提升。

爱情如衣服，只穿你买得起的牌子

穆斯林男人可以娶四个老婆。但是根据《古兰经》记载，想娶四个是有门槛的："如果你们恐怕不能公平对待孤儿，那么，你们可以择你们爱悦的女人，各娶两妻、三妻、四妻；如果你们恐怕不能公平地待遇她们，那么，你们只可以各娶一妻，或以你们的女奴为满足。"（4：3）也就是说，如果你不能保证公平对待，做到四碗水端平，穆圣也是认为你没有资格娶的。

上海女孩跟着男友去江西老家，看到农村饭后分手，在网上传得沸沸扬扬。有一个事挺有意思，大家在讨论"门当户对"的时候，这些讨论者中，有的"高攀"之后，日子过得不错的，大多是青年翘楚、金领翩翩；而"高攀"之后，日子过得不爽的，大多能力平平或者时运不济。总之，hold

住恋爱高难度动作之"门第不合"的，基本上都是强悍者。

某女神只要高富帅，富在第一。有人觉得女孩本是土豪，咋还这么"物质"。姑娘说："姐不是绿茶婊，一边喊着爱内在，一边盯着你口袋。姐自己就有钱，AA制没问题，但是有钱的才能够陪我。"我们问："那没钱咋办？"她说："没钱就别来找我啊，去找不要求钱的姑娘啊。"环顾女孩周围，敢追她的也都无一例外高富帅。自带"屌丝过滤机制"，蛮好蛮好。

如上，爱情如衣服，只穿自己买得起的牌子。没有金刚钻，别揽瓷器活。爱情是某种供给和需求关系，高质量的爱情是均衡态，低质量的爱情是失衡态。爱情的建立与维护，靠的是自身某些方面的条件和资质。真心虽无高下，能力却有高低，决定爱情质量的，是看恋爱双方乃至多方综合实力的对应。想有什么样的爱情，想找什么样的人，想被什么样的人爱，很多时候是建立在一定的综合条件基础之上的。

在自由恋爱的世界，爱情战场就是自由市场。想赢，就要"人无我有，人有我优"。你帅，你善良，你有才，你有钱，你气质佳，你对我好，你会玩悠悠球，你天梯2000，你懂哪儿的卤煮好吃，你能读吐火罗文，你超级玛丽世界纪录保持者，等等。你总要有点什么，让有着某个需求或者癖好的tā

怦然心动，坠入爱河。同样，tā 也得有点什么东西能让你心动，让你觉得跟 tā 在一起爽，跟 tā 在一起值，跟 tā 在一起能 high 翻全场。

只有彼此都能被满足某些需求，诸如"给欢快""被照顾""能共鸣""受教育""有收获""得利益""可泄欲""博出位""共婚育""抗风险""解烦闷""排寂寞"等，才能够让一段感情开始。再纯粹的理想化的爱情，都建立在实际生活中具体的时空细节之上。毛主席教导过我们："这世上没有无缘无故的爱，也没有无缘无故的恨。"

你说你平白无故毫无缘由就是爱眼前的他，我不信，他也不信；你要他莫名其妙鬼使神差就会迷上路边的你，他不能，狗也不能。关于爱情，"高低贵贱"只是技术细节，"供需平衡"才是核心逻辑。至于"爱情基于何种层次的需求更高贵""双方因为什么在一起更道德""双方对彼此的需求是何种事物更纯粹"等评判，只不过是不同认知体系下的评判。

文学女青年眼里，卓文君因为司马相如的《凤求凰》而跟他私奔，当然远美好于傻白甜痴迷霸道总裁 VIP 室中的谈笑风生；社会活动家心中，清末时的陈璧君对汪精卫（这例子不是很正面）的痴迷，当然远优越于张爱玲因为风花雪月而对胡兰成的摇尾乞怜；科学工作者眼里，居里夫妇建立在科学事业上的爱情，当然崇高于西藏301国道上因为临时搭车啪啪啪而建立的临时情侣。

如上的"才华横溢VS文艺情怀"PK"财富霸气VS少女春心"，"革命精神VS一腔热血"PK"吟风弄月VS风流倜傥"，"科研事业VS科研追求"PK"感官欲望VS嘻哈人生"。本质都是某个点刺激了某个人，某种需求在某种程度和方式上得到了满足。只不过这些交换和供需在不同的价值体系、认知水平和知识结构中，被划分出了三六九等。

到此，很多人会觉得："你把爱情想得太龌龊！"我说："没有龌龊的语言，只有龌龊的心理。"没必要一听到"有所图"，一听到"交换"和"满足"就战战兢兢，就嗤之以鼻，就避之唯恐不及，就觉得高贵的爱情被玷污了。爱情源自人性，人性本是中性词。爱情本就源于生活，生活本就满是细节，只有满是细节的生活基础上的感情，才是真感情。

正是看到了爱情的交换供需关系，便不难理解种种爱情难题。所谓"不合适"，无外乎双方供需状况出现问题，要么是"我要的你没有"，要么是"我要的你不够"。不是你不够优秀，只是你的奖状里没有我在乎的；不是你不够努力，而是你根本就抓不住我的点。我想吃一个梨，你拼命给了我一筐苹果，我不吃，你还怪我不理解不懂事。但是，我只是想吃一个梨啊!

顾城才气纵横,但是精神恍惚,甚至会在大街上跟小孩抢苹果。他的妻子就是仰慕他的才华,明知他疯疯癫癫也要照顾他,陪伴他,直到顾城亲手把她杀了。从道德上,顾城是忘恩负义;从爱情上,顾妻算"求仁得仁"。你给他一个阳光健康的工科男,她不愿意。但是,她得能有这视死如归的决心。

穷困但灵性的荷西问三毛:"你好养吗?"三毛说:"看人。喜欢的人我可以少吃点。"荷西问:"那个人要是我呢?"三毛说:"那我能再少吃点。"就这样,两人安贫乐道。荷西这"屌丝"老公对三毛来说就是"物有所值"。你给她一个腰缠万贯的土豪,她不需要。但是,她得有这安贫乐道的能力。

《失恋三十三天》里面,婚礼策划白百何不理解为什么一个高富帅要娶一个物质女孩。高富帅告诉婚礼策划白百何:"爱钱的女孩蛮好,很简单,我不会为了别的事情烦心,我有钱就行了。"娶到一个美艳娇妻,这高富帅是"得偿所愿"。你给他一个不慕荣华的姑娘,他不放心。但是,他得有这持续赚钱的实力。

所以,爱情如衣服,只穿买得起的牌子。没有金刚钻,别揽瓷器活。恋爱之前以双方都能接受的方式谈好,谈好双方的需求和底线、供给和原则。爱情就是你俩以及你俩家庭的事，就在你们两个人乃至两个家庭的价值判断基础上，根据供给、需求能力和原则底线来商量。我要的你不保证，你要的我不保证，朋友！你要的我能保证，我要的你能保证，来吧！

谁建设谁受益，谁渴望谁努力。谁承包谁负责，谁污染谁治理。恋爱之前谈好以后，记住对方的需求，源源不断地努力。对方爱钱就赚钱，对方爱才就创作，对方爱闹就磨炼心性，对方爱啪啪啪就提高技术。别本来保证好ABCD，结果自己懒惰不上进跟人家说"咱俩不合适"。恋爱这事，成了再接再厉，分了愿赌服输。

另一方面，也别放纵自己的需求，得陇望蜀，得寸进尺，贪得无厌。谦卑克制，按部就班，很多事差不多就得了。太多的少男少女每天天晴了要下雨，下了雨又要看太阳，点了白开水骂淡，喝了老醋嫌酸。最后感情分崩离析，悔恨当年轻狂任性，寂寞空庭春欲晚，回首已是百年身。朋友们，一定要记住：不作死就不会死！

有人会问："天有不测风云，那万一哪天某人在彼此初始需求的方面无能了，分手是不是就天经地义了？"只能说，恋爱到一定程度，没有功劳，也有苦劳，纵无爱情，也有亲情。

如果真心相爱久了，"参与彼此生命的塑造"则是每一对爱人最大的需求。没有任何人能够替代对方，因为你只想给那个塑造过自己的生命，一起甜与苦、笑与泪的那个 tā 。只是不是所有人都有这样的实力和运气走到这一步，看个人努力和天地造化了。

所以，危机出现后，既要认清爱情现实，也要牢记爱情责任。尽量在原则和底线基础上包容忍耐。毕竟下一个也未必多么好，风险依旧在，几度夕阳红。当然，谁都没必要被谁绑架，无论自己是哪一方，如果自觉不能坚持了，扛不住了或者被触及了原则和底线，该分就分。只是记得要以体面的方式，给彼此一个最后美好的念想。

爱情这事，一定要记得从哪里来，到哪里去。理性恋爱，直面供需，爱得从容，分得体面。我们可以一方面不断成长丰富，力求具备满足爱人多方需求的能力，断了一脉，还有三脉，东方不亮西方亮，黑了南方还有北方；一方面满满真心，孜孜以求，让彼此成为不可替代的 Theone，最终俩人千山暮雪，明烛天南。

最后，我祝天下有情人终成眷属，也祝终成眷属的都是有情人。

231

比起渣男，女人更不要挫男

曾经发起了一个投票："如果世界上只剩下两个男人，武大郎和西门庆你选谁？"投票结果：选择西门庆的有2337票，占83%；武大郎491票，占17%。

这个投票还是能反映一些问题的。比如：对于绝大多数女性而言，比起渣，更不接受挫。注意，这并不代表女性可以接受"渣"，只是说在两者相比较下，更不接受"挫"。

讨论这个之前，我们先说三个小案例：某同龄亲戚看上了一个妹子，每天刷其朋友圈但是不追。我问他咋不追。他说："我感觉会很费力，算了吧。"我说："那你就是不爱？"他说："不，我很爱，但是我不想花太多精力。"我说："那你没戏。"他不服说："很多渣男都能追上啊！"我说："但是，那些渣男帅啊,土豪啊,你又丑又穷,怎么搞?"

某哥求介绍女友,表示"希望接受我的工作时间,我每天要十二点下班,周末也要加班"。我说:"你这没人要。"他不服:"难道我这种工作时间就找不到了?渣男都找得到啊!"我说:"这种工作时间也可能找到,但是人家在高盛啊。"

某师兄被甩,泪洒串坊不理解前女友"宁可为了钱跟渣男在一起,也不要他"。吐槽内容比如:"那小子就是个人渣啊!""他除了钱还有什么?"这时候隔壁桌一哥们不识趣,来了句:"但是你除了没钱,也是要什么没什么啊。"双方打了起来,但是我们私下认为:隔壁大哥说得对啊……

如上,很多男人被心仪的女孩拒绝并处于一种被淘汰状态的时候,都会拿"女人喜欢渣男""主要是我人太好"等托词说事,以及会高歌"好人没机会""女人太功利""社会太现实"。事实上,准确说来,女人不是跟"渣男"在一起了,而是跟"有魅力的男人"在一起了。只不过渣男一般都很有魅力,就像垃圾食品都很好吃。

这里我们要聊一句话,就是鼎鼎大名的"男人不坏,女人不爱"。很多人对这个"坏"理解为"道德瑕疵",并且通过社会中种种渣男伤害女性的行为而强化了这种认知。然而,这种理解是一种掺杂了情绪化的希冀和偏见。笃信这种认知的潜台词就是："我被拒是因为我道德品行好，不像渣男那样。这女人眼光有问题，而不是我无能。"

"男人不坏，女人不爱"的这个"坏"，其实强调的是男孩高超的恋爱技巧和强大的帷幄能力。女孩说"你好坏哦"的时候并不是在否定这个男孩的品质，而是在表达一种对男孩制造浪漫、施展才华、营造情趣等相关能力的高度赞美。此时的一个"坏"字，不是否定男孩的品德，而是抒发喜悦。所谓"幸福溢于言表""激动语无伦次"，大约如此。

与"坏"相对应的就是"好"。女孩子在拒绝别人的时候爱说："你是个好人，但是我们不合适。"很多被拒绝的男生天真地认为这是女孩对其道德品行的一种评价，更会抱怨自己"人品好却被拒"是运气不好或者社会不公。然而，用"发好人卡"这种方式拒绝，是每一个有起码修养和双商的女孩的基本素养，这不证明你人好，而是证明她人好。

"对不起你是个好人"这句话并不意味着在妹子眼里你真的是个"品行过关的好人"，她只是选择了一种最不伤害你感情和自尊心，同时又不影响个人形象和评价的表达方式来拒绝你。对于毫不感兴趣的男人，女人根本不关心他的品质是好是坏，她们只不过想通过礼貌且温和的方式尽快摆脱自己不感兴趣的追求者，避免不必要的麻烦。

如果把女孩所说的"你是个好人"用直白的语言翻译过来，很多时候就是："你配不上我，我看不上你，没工夫也没兴趣跟你浪费时间。"

如果女人说"你是个好人"，请节哀，你基本上就没戏了；如果对方说"你这个死鬼"，恭喜你，你马上可以壁咚了。

谈恋爱最核心靠两样：品质和魅力。品质是你的"可靠水平"，这个测量的是跟你恋爱的"风险性"；魅力是你的"能力水平"，这个测量的是跟你恋爱的"收益性"。评定魅力可以通过财富、学历、样貌、谈吐、修养、装束等方面很快估算出来，评定品质则需要持久的接触和发掘。判断一个男人的魅力可能只需要一顿饭，但是想知道他道德如何则需要深度挖掘各种前任、过往情史等大数据。

决定两个人能否开始在一起的是男人的魅力，而决定两个人能否最终在一起的是男人的品质。魅力和品质在爱情中发挥作用，先来后到。爱情是一座庙，庙门在山脚，庙堂在山顶。魅力是庙门槛，品质是山路。想要进庙拜佛，得先过山脚庙门的门槛，再爬山路。

很多人被拒绝不是因为所谓"品质好",而是他的魅力之烂,以至于没有到拼品质的阶段就被淘汰了。在刚刚接触的过程中,大家的品质都在既定不定的情况下,选择明显魅力更大的是非常理性的,完全不是什么"女人没脑子"。爱情本就是事业,经营事业起码的道理:在风险不可控、条件一样的情况下,当然要选现值和预期收益都更大的。

即使品质上有瑕疵,女人对有魅力的男人也会相对更宽容。比如,跟金城武谈恋爱,他出轨了想想也是自己活该,谁让自己找了金城武呢?要么分,要么忍。但是,跟黄海波恋爱,他出轨了则非常耻辱和愤怒。看那丑样,越看越生气。"都这么丑了,你还给老娘出轨?!你让姐妹们怎么看我?!"

同时,女性对于男性改过自新的包容程度也是不一样的。有战功的伤疤才是性感的,强者的眼泪才动人。对男神来说,即便曾经犯过错,但是他一旦浪子回头,则格外诱惑少女心泪。而一个屌丝改过自新也不会引起太大的波澜,咸鱼翻身了也还是咸鱼。"浪子回头"被广为传颂的前提是这个浪子后来建功立业。

所以,我们一定要弄清楚,问题的核心不在于"女人是否有问题"或"品质是否没用",而在于"男人是否有本事"。

女人不是都爱品质不好的，而是都爱魅力大、能力强、懂情趣的男人。

很多人单身的原因千差万别，概括说来，就是一条：不仅自己矬，还嫌弃别人矬。他们一方面不觉得自己没有足够能力和资本；另一方面他们不愿意去提升自我，而是去质疑社会价值观，否定女孩的选择。从而让自己的无能没那么明显。

他们抱怨的千言万语归根结底就一句话："搂着女神的为什么不是我？"此处，有一点必须强烈质疑，就是"品行和魅力的相关性"。根据实际生活看，屌丝品质也未必一定好哪去。用笔者之前的文章讲，就是："你未必是人好，只是没机会放荡。"比如《水浒传》里的高衙内，不过就是一个认了好干爹的武大郎。

我们很多时候错以为"问题的关键是品质"，而事实上"问题的关键是魅力"。女孩都跟渣男在一起，就是因为很多自认为的"好男人"没本事，没能力把心爱的女孩从渣男手中抢过来，给她幸福。维系关系靠品质，建立关系靠能力。能力不行，你拿品质说什么事？

我不是打击"矬"，更不是鼓励"渣"。绝对不是认同"宝马里哭"比"自行车上笑"要好。而是在强调，如果我们有择偶方面的魅力短板，即某些方面比较矬。那就不要回避硬伤，去否定女方选择，而应该自我提升，循序渐进，在品质基础上增强个人魅力。如果爱上野马，那就赶紧去开拓草原。

人家"在宝马上"并不是如你想象的哭，而是被另一颗更有能力的真心呵护着。忠贞不是爱情的全部，只是爱情的底线。对于一场恋爱而言，男人能否通过努力提升自身魅力值，这本身就是一个"投名状"。如果我们都不能为了她上进，谈什么爱她？

我们爱的妹子，别人也爱。你可能碌碌无为，但是你的情敌不会。女人要的不仅是爱她，还要爱护她。一味地抱怨和唏嘘，只会增添别人的鄙夷。即便女神被伤害，跟渣男分手，也不会找你。因为，她可能宁可再跟一个渣的男人在一起，也不愿意跟一个只知道抱怨的窝囊废度过一生。

"仅寄希望于凭一颗真心就抱得美人归"的想法可笑，而"吃不到葡萄说葡萄酸"的心态更加可鄙。爱她就应该为她去战斗，而不是在酒吧磨磨唧唧，控诉女神眼瞎或者社会不公。条件不好，又不上进，道德自负，牢骚满腹，不淘汰你淘汰谁？

爱情是一个事业，需要投入和建设，在这个魅力值白刃战的爱情战场，狭路相逢勇者胜。我们不强悍，我们心爱的女神就会被魔鬼掳去，椎心泣血。有责任感的好男人就应该挺身而出，横刀立马，就像歌里唱的那样：好男人不会让心爱的女人受一点点伤。

不想心中爱人被渣男伤害，那就做到比渣男更有魅力，把爱人抢过来，不给渣男机会。我们一方面要保持品质；另一方面，废除抱怨，自我提升，让自己变得更有魅力。

什么叫爱？爱就是"我要亲手给你幸福,别人我不放心"。

婚姻这事，细思极恐

好朋友们结婚的太多了。我很淡定，但是我妈不淡定，她的朋友们也都逐渐当奶奶了。于是乎，我总能听到这样一句温馨的问候：

"什么时候结婚？我要抱孙子！"

毕竟，古人云："不孝有三，无后为大。"古人还云："婚礼者，将合两姓之好，上以事宗庙，而下以继后世也。(《礼记·昏义》)"当然，古人怎么云不重要，我妈怎么云才重要。

每当这时候我就羡慕西方人，比如古希腊哲学家泰勒斯。年轻时候他妈催婚，他说："还没有到那个时候。"泰勒斯快老了，他妈逼婚，他回答："已经不是那个时候了。"——完美。

毕竟，我不如泰勒斯那么洒脱，也不能接受我的婚姻只服务于繁殖。于是乎，我决定，寻找一个足够"科学"的理由，让我信任婚姻进而追求婚姻。

首先，我寄希望于"契约精神"。

查士丁尼在《法学总论》中写道："契约是由于双方意思表示一致而产生相互间法律关系的一种约定。"婚姻一出生，就有着契约的基因，本与爱情无关，只负责财富和生养。

我国《民法通则》第85条规定："合同是当事人之间设立、变更、终止民事权利义务关系的协议。"仔细想想，婚姻是不是就是个"合同"？——双方在平等自由的基础上，建立一个家庭经济体，同时对有关家庭抚养、财产管理、照看自由的部分达成一致的协议。

原本是买卖，但是买卖渐渐不纯了。人类把"感情"掺和进婚姻以后，这事就复杂了。"婚姻"意义不再仅是一个有关财产权利和抚养义务的契约，还意味着一个相爱共同体，包括亲密、感情支持和忠实等要素。而"感情"这事，契约不足约束，法律不能保障。

大量曾经以感情为基础的婚姻最终"感情破裂"。越来越多的司法实践将双方感情状况作为判定婚姻走向的依据。连不聊风月的恩格斯都说："如果说只有以爱情为基础的婚姻才是合乎道德的，那么只有继续保持爱情的婚姻才合乎道德。"

最终，"夫妻双方感情确已破裂"成了现代婚姻法作为判决离婚的依据之一。

好吧，我寄希望于"道德操守"。

婚姻始于国家前。在国家立法机关尚未把婚姻制度白纸黑字写在法律文本上的时候，它已经作为一种非常古老的习俗根深蒂固地存在于人们的观念之中了。

表现为习俗禁忌和伦理道德的婚姻观念通过某种教化体制得以世代相传，内化到人们的心灵之中，形成了强大的道德意识。它监控行为人的越轨行为并对其施加惩罚，惩罚表现为羞耻感和负罪感。道德意识越强，这种心理上的惩罚措施就越发有效。

强烈的羞耻感和负罪感足以抵制婚外的性诱惑，可以打消一个人另寻新欢的念头。同时，婚姻价值观的流行还迫使那些不打算接受婚姻道德的人们，也必须按照婚姻道德去塑造自己的人格形象，而不加掩饰地暴露出自己放荡不羁的品性必然会招致社会的敌视。

然而，这时代太快我跟不上。

后现代主义浪潮呼啸而来，道德解构主义跌宕起伏。伴随着性开放而来的新技术革命，摧毁了既有的生活方式和传统价值体系。婚恋伦理道德，早已面目全非，从当年坚守"第一次留给彼此"，到如今追求"第一胎留给彼此"。

这不，才过去七年，陈冠希就被网友感慨"生不逢时啊"！

那么，我寄希望于"经济效益"。

婚姻的经济学意义蛮多。比如，"规模经济"。两个人买一套房比各买一房节省居住成本，俩人做菜一起吃比分别做菜吃饭省时省料。再比如，"比较优势"。男耕女织，各司其职，提高家庭的劳动效率和劳动总收入。

然而，随着社会化大生产的到来，资源流动性加强，风俗习惯变化，婚姻原本的经济效能均可诉诸其他形式来实现。比如，商业合伙、合租室友、购买服务。而且，婚姻的收益越来越难以补偿人们为婚姻付出的各种代价。比如，解释道理、磨合三观、适应习惯。

只要全部婚姻收益不足以 cover 婚姻产生的全部成本，那么在理论上很多人已没有结婚的激励。比如：人们从婚姻中获得的性满足会逐渐降低（基于有机体的脱敏反应），对性的多样化渴望却会趋于强烈。会有一个时刻，婚姻的边际收益（生活成本降低、情感满足）大于婚姻的边际成本（偷腥的折腾、良心的煎熬），婚姻就会"赔了"。

如果婚姻本来想着"赚"的，结果赔了，也该散了。而当代社会能让婚姻"赚"的事物越来越少，能让婚姻"赔"的事物越来越多。

所以，想打婚姻牌，少算经济账。

之后，我寄希望于"公共权力"。

人类学家恩伯夫妇将婚姻界定为"两性之间性与经济的结合"。而且，经济结合是性结合的结果。性资源是人类初期制度安排的首要考量之一。

由于高质量的性资源明显存在稀缺性，人类对性资源的竞争随着意识的形成而逐渐激烈。由于人类的性行为不像动物一样限制在发情期内，而是不分时刻，人类的性竞争远比其他物种更频繁。同时，人类拥有非凡智慧，故而人类性竞争的潜在破坏力更是远非其他物种所能比拟。

于是，人类发明婚姻，有序组织性资源分配，以避免人们为争夺性资源而引发频繁的冲突。婚姻作为一种维系社会稳定和运行的社会制度，被社会管理者组织并维护着。由于人类文明早期的政权都十分脆弱，对社会稳定极为敏感，故而历任统治者都对婚姻制度战战兢兢，竭力捍卫。

而随着人文理念的发展、科技革命的推动、社会制度的进步，女性早已不是男性的私有性资源，社会的组织效能和稳定系统也越来越好。婚姻稳定与否已不再对社会的稳定起到举足轻重的作用，公共权力对婚姻的维护愈发缺乏激励。

现在，政府顺应"自由""人权"精神，各种途径保护大家解除婚姻的行为。

最后，我寄希望于"生物本能"。

人是动物，动物要繁殖。科学家告诉我们，一个男子每天能产生一亿个精子。他的一生大约能产生一万亿个精子，而且每一次使女子受孕的活动不过几分钟而已，一个男人一生可以和不知多少个女人生不知多少个子女。

女胎儿的卵巢里有600万个卵子，女婴降生以后就仅剩下200万个，到了青春期，卵子数目减少到几万个，其中只有几百个卵子排出体外。即使这样还有相当一部分在排出前就死亡或随同月经一起被排出。妊娠期一般在280天左右，一般每胎一子。所以正常条件下，单个女子一生生育20个孩子就已经竭尽全力了。

而人类在学会直立行走之后，原本下面的位置成了中间的位置，女性在妊娠期间则承受着极大的风险。加之女性的生理特征导致其在蛮荒时代的抗自然风险能力弱，女性则尽可能地依附于能够给她一生稳定生活的男人。而她们依赖的男人，则在尽可能地寻找更多的异性播散基因，并且不断与其他男性尽可能地争取更多的机会扩散自己的基因。

最终，男人的天性是花心，女人的天性是不安。男人常问："我到底爱谁？"女人常问："你爱不爱我？"

法学，经济学，伦理学，社会学，生物学都把我摧残了。于是乎，我想换换脑子，看看哲学家怎么说，结果一翻书发现：

"婚姻就是两性之间的一种长期、固定且排他的性交易。"

——康德

以及：

"只有哲学家的婚姻才可能幸福，而真正的哲学家是不需要结婚的。"

——叔本华

于是，我想静静。婚姻这事，细思恐极。

就在我静了一个月之后，我采访了好多曾经重度恐婚的已婚小伙伴，最终我有了个意外发现。

首先，坦白说，理性分析下，婚姻对很多具备"独立把人生打理得十分精彩的能力"的人来说，真没有什么意义，已无甚"科学依据"了。他们确实没有必要结婚：花心不缺钱，花钱不缺心；做人不缺爱，做爱不缺人。

但是，他们中的很多人，最终都找到了一个爱人，因为某种莫名的冲动让他们一头扎进婚姻殿堂，经营婚姻，建设家庭，享受着之前不曾预期的幸福。年夜饭的热闹，抢电视的乐趣，病床前照料的感动，宝宝一天天长大的成就感……现在，每天刷爆我朋友圈的，都是那些当年恐婚恐育的奇葩们"秀爱人""晒宝宝"。

最终,他们在本无意义的婚姻中,经营出了意义。

很多曾经恐婚现已结婚的朋友告诉我,不结婚可能确实"没什么",但是结了婚可能就会"有什么",某一瞬间某个人会推翻我们的全部逻辑。黑格尔说:"婚姻是具有法的意义的伦理性的爱。"梁静茹唱:"爱让一切变得有意义。"

婚姻的意义虽未必明于开头,却必然见于结尾。

《大话西游》里观音菩萨告诉至尊宝:"你之所以还没有成为孙悟空,是因为你还没有碰到那个给你三颗痣的人。"我们之所以还在惶恐婚姻,可能就是因为我们在等那个"莫名其妙"的人出现,"莫名其妙"相爱,"莫名其妙"感性,"莫名其妙"结婚。

所以,我们不走"到年龄就该结婚"的老路,也不走"找一个人凑合结婚"的邪路。直到那个给我们"三颗痣"的人出现,一起鼓起勇气,走入婚姻,将本无意义的婚姻经营出意义。

没钱别谈异地恋

新年新气象,最近好多亲朋好友异地恋分手。

异地恋折腾国人几千年了。周朝人说:"蒹葭苍苍,白露为霜,所谓伊人,在水一方。"宋朝人讲:"花自飘零水自流,一种相思,两处闲愁。"民国人唱:"在那遥远的地方,有个好姑娘。"今天人吼:"我多想回到家乡,再回到她的身旁,让她的温柔善良,来抚慰我的心伤。"

人们常说,只要有真爱,距离不是问题。没错,以现有的交通和通讯科技水平,基于距离造成的时差作息、信息迟滞、相见困难等问题已经不再是问题。微信、QQ、Facetime、手机、视频,早就可以让相隔万里的小情侣宛如面对面。距离虽然不是问题,但是距离会衍生出对爱情具有极大破坏力的"三高"——"高消耗""高不安""高封闭"。

高消耗。"异地恋"是一种消耗式的爱情。异地恋区别于同地恋的一个关键就是，同地恋俩人总能见面，总会有各种方式积累感情，而异地恋俩人见不到面，所以俩人哪怕什么都不干，都在让爱消耗，坐吃山空。所以，除非在异地之前两人有过足够的朝夕相处以积累足够的情感储蓄，以供在相当长一段异地的时间里消耗。如果没有基于互动的情感补充，那么这段感情就会成为"无源之水"，慢慢消磨，不欢而散。

高不安。缺乏安全感，是异地恋男女的普遍状态。异地恋中情侣缺乏对伴侣信息的获取，处于信息不对等的情况下，往往容易焦虑。焦虑的结果就是会将平常情侣之中本不严重的问题无限放大，激化情绪，最终引发真的问题。比如，"你逛街的照片是谁给你拍的""你今天早上为什么没有回复我微信""你今天回复我的语句怎么这么短"等等。不安全感袭来，加上周边诱惑和闲言碎语，结果不言而明。

高封闭。感情维系的关键是参与彼此的生活，而异地恋双方对彼此生活的掌握仅仅依赖于通信设备。相比于同地恋，异地恋会随着对彼此生活的逐渐陌生而对彼此产生陌生感。双方的交集越来越少，通信设备上的交流从最开始的相谈甚欢，慢慢到平淡对话，再到"哈呵嗯哦"，最终到不欢而散。

感觉好像对彼此的兴趣越来越淡。殊不知，你那多彩的世界对我只是抽象的概念和存在，你虽娓娓道来，我却从何说起？

另外，有一个问题需要注意，就是：异地恋之中，"异地"作为最大的问题，掩盖了其他问题。这就让其他引而不发的矛盾和问题被情侣选择性地忽略和容忍了，从而为感情埋下了巨大的隐患。当两个人结束异地之后，所有矛盾被撤去了异地的保护伞，集体迸发，迅速摧毁感情。

异地恋的男女双方容易将所有的问题归咎为"异地"，并且在其他方面降低正常爱情的标准。很多事情不该忍受的忍受了，不该承担的承担了，不该妥协的妥协了，因为他们觉得这是因为异地，只要熬到相聚，这些问题都会解决。殊不知，很多问题可能跟异地无关，只是两个人不合适。这份硝烟不断的感情本该早早结束，却因为异地保存了下来。

比如，男生可能就是不善于关心他人，女生得不到关心，就会觉得可能是异地，闺密们也会这样劝她，于是乎她就忍气吞声。结果到了一起相处后发现，两个人还是不能够正常交往。再比如，男生可能就是一个花心的人，对女生忽冷忽热，女生可能觉得因为异地见不到就会有 bitch 乘虚而入。于是乎就隐忍相聚，结果相聚后发现，男生在不在她身边，都会与好些女孩暧昧不清。

所以，在异地恋中需要冷静判断又很难判断的是——到底哪些问题是异地恋带来的，哪些问题是两个人本身固有的。如果"高消耗""高不安""高封闭"带来的问题逐步解决，但某些问题还会以稳定的状态反复出现，那么就要着重考虑一下，双方的感情问题可能与距离无关，只与这个人有关。

这里顺带提三个没有经过严密论证和统计但屡被认可的说法：异地恋中，"女强男弱"比"男强女弱"更容易分；"男帅女靓"比"男丑女矬"更容易分；"女最终去男地团圆"比"男最终去女地团圆"更容易分。这三个判断的科学性和准确性值得商榷，但从我周边的情况来看确实比较准确。感兴趣的朋友可以验证或者研究下。

说了异地恋这么多，现在问题来了：如果我深爱一个人，我就是要跟 tā 在一起，我该怎么办呢？要想搞定"高能耗""高不安""高封闭"，同时判断我们之间的问题到底是异地的问题，还是我们两个本身的问题，我首先该怎么办呢？面对异地恋，我首先要做什么？

答案就是：赚钱！如果还有一个答案，就是：赚更多的钱！说到这，很多人呵呵，会谩骂，会不忿，因为我拿肮脏的铜臭味侮辱了他们雪莲般的爱情。先别急着骂，听我慢慢说。

想摆平"高消耗",就要多见面,多一起逛逛玩玩,通过密集的互动为爱情供应"源头活水";想摆平"高不安",就要多见面,多一起逛逛玩玩,通过密集的互动为爱情消除"多愁善感";要想摆平"高封闭",就要多见面,多一起逛逛玩玩,通过密集的互动为爱情增添"生活素材";要想判断究竟是异地的问题还是俩人的问题,还是要多见面,多一起逛逛玩玩,通过密集的互动为爱情提供"诊断报告"。

通过增加互动的强度和频率来尽可能地消除"异地恋"和"同地恋"差异——即"异地"产生的一系列问题,从而让"异地恋"最大化地趋同"同地恋"。这是解决一切异地恋问题的最优解。

高强度和高频率的互动最主要靠什么呢?靠爱。但是爱的实现靠什么?靠钱(包括不限于)。说到这里强调一下,我们讲的是金钱在异地恋中的重要性,而非必要性。没钱也能谈异地,有钱会让我们谈得更从容、更高效。这个问题上,我们不是拜金主义,而是实用主义。

对于异地恋来说,一百次电话讲的"我爱你"都不如一场温馨甜蜜的烛光晚餐;一万条微信讨论价值观,也比不上一起面对地铁乞讨者时双方的本能反应来得直接和真实。异地恋中的交流、了解、调情、问候、挽回等往往都伴随着消费。

平时打电话，需要话费；节假日看望对方，需要路费；节日小礼物，需要邮费；吵架了分手了要挽回，需要各种费。

比如，俩人想感情保鲜，增进了解，看看彼此是否合适结婚，就要多见面。而见面的机会很少，又不能耽误工作，就只能多坐飞机多见面，多喝咖啡多聊天。再比如，异地恋容易吵架，吵架了容易分手，分手如果不及时挽回就会彻底悲剧。同地恋很简单，在楼下等着跪着，而异地恋要你经过几千里地到她楼下等着跪着。还比如，异国恋的俩人半年不见面，被传言有小三介入，女孩面临情感危机，需要了解情况判断真爱，最有效的方法就是实地考察和面谈。

爱情是奢侈品，需要高消费来维持；异地恋是爱情中的私人定制，需要高消费中的高消费来维持。对于绝大多数人来说，要想拥有逾越地理障碍的高强度和高质量的互动，就要靠大量以金钱为支撑的实际行动。此刻的钱，毫无物欲横流的铜臭味，只有温馨浪漫的甜蜜感。

最后，说句心酸的，没钱慎谈异地恋；再说句心动的，谈了异地恋，让我们赚钱更有动力。

三者未必相关：跟谁恋爱，跟谁结婚，与谁地老天荒

人生无非大戏场，戏场无非小人生。周杰伦结婚了，网上说："周杰伦把青涩给了蔡依林，成长给了侯佩岑，承诺给了昆凌。"陈赫劈腿了，网上说："这个女孩陪他走了十三年的懵懂，却败给了一年的诱惑。"与其说这些感情的结果是由哪个人决定，毋宁说是由哪个时机决定。你在怎样的时间以怎样的状态出现在谁的身边，才是决定你们感情最终结果的关键。就像我心爱的女孩说："爱得深，爱得早，不如爱得刚刚好，人生的出场顺序很重要。"

对谁动心，跟谁恋爱，和谁结婚，最终牵着谁的手走一辈子，都不一定是完全相关的事。你永远不会知道，在某个恰当地方恰当时间有一段怎样的缘分等着你；你也永远不会知道，现在跟你海誓山盟的那个人，可能会以怎样的方式突

然离开你的世界；你也永远不会知道，当你正为了眼前的恋情折磨自己的时候，未来将要照顾你一生的人正积累着怎样的人生资本。

男女之间的交往，充满了惴惴不安的窥伺与欲言又止的矜持，充斥着欲罢不能的彷徨与处心积虑的揣测。于千万人之中，经历一见钟情，享受地老天荒，那是太难得的缘分。更多的时候，更多的人，都是在不断错过，无言地松手，任性地走远。一个转身，也许就已经一辈子错过，一个眨眼，也许就已经一辈子无知。

我们常常把彼此的阴差阳错归因于缘分，而缘分又是一个何其抽象的概念。说到底，它就是影响我们一时三刻相遇相识相知相恋的时机。看似你我是找对了那个人，实际上是那个人在对的时候出现在了对的你面前。而彼此之所以是"对的人"，就是因为过往的一切人生阅历让我们成了今天的我们，以及让我们有机会遇到，有能力追求，有资格携手眼前的这个梦中人。

昔日恋人早就不是当年的那张白纸，他已经出落成一幅五光十色的生活画卷。这幅恢宏的生活画卷描绘了什么是爱、什么是包容、什么是珍惜。而这上面的每一笔，都是曾经也如白纸的你用饱蘸泪水的青春之笔画上去的。同样，现在正有个男孩或者女孩，同现在的你相互依偎，听着前任渴望的幽默，谈着前任期待的话题，问着前任奢求的知识，提着前任不敢尝试的请求。

曾有闺密跟我抱怨老公前女友太多，我回问："你愿意做一阵炮灰，去耗费青春的泪痕斑斑为别人调教老公；还是愿意做一个大盗，高枕无忧地窃取爱情先烈抛青春、洒热泪换来的革命成果？"她笑而不语。想想今天我们的眼前人，多少个最美的年华陪他度过了最懵懂的岁月，是他们用泪水和微笑告诉他要找什么样的人以及如何珍惜眼前的你。

总之，爱情的逻辑是：你爱我，我爱你，所以我们要在一起；命运的逻辑是：我可以，你可以，所以我们能在一起。爱情问的是喜欢不喜欢，命运答的是可以不可以。我爱你，你爱我，有太多劳燕分飞；我不爱你，你不爱我，也有不少白头偕老。人们经常祝福"有情人终成眷属"，我倒是更祝福"终成眷属的都是有情人"。

未来越是扑朔迷离，眼前的有情人便格外珍贵。在这个空空世界，两个天涯沦落人相偎在一起，已经是一个不大不小的奇迹。未来的不确定一方面让幼稚的人逃避与彷徨，一方面让成熟的人珍惜和坚守。不要等到白发斑斑才悟道那句："有花堪折直须折，莫待无花空折枝。"但行好事，莫问前程。

执子之手,倾我所有。随缘奔跑,华丽跌倒。你于天涯,我便海角。

最后感慨:尽人事,听天命,难得任性;今天哭,明天笑,一身骄傲。

韶华太美好，等谁没必要

一哥们分手了。分手三天后追新姑娘，恋情几乎无缝衔接。我们都觉得太扯了，抨击他花心。饭桌上你一言我一语，各种吐槽。然而他呵呵，用目光横扫了我们一下。

我们感到了一股杀气。

他表示："前女友异地，周四提分手，我周五求一天，无果。周五当天晚上买机票挽回，周六又被拒。回来写了一万四千字检讨书，五花八门的礼物求饶恕。她全家我都求了。结果还是不同意。你们能做到像我这样挽回的能有几个？"

我们服。

他接着说:"我这样挽回一周,全家都帮我劝,前女友依旧坚决不回来。微信都不回复了。能做的、不能做的我都尝试了。死活挽回不来,你告诉我还有啥办法?"

我们服。

他接着说:"那你告诉我,我还为这段感情闹心什么?如果你告诉我,我哭天抹泪三个月,前女友能回心转意,我当场哭仨月。问题是,我哭仨月她能回来吗?我哭仨月,心力交瘁耽误学习工作又让爸妈亲友替我担心,她也不回来,我哭天抹泪有意义吗?"

我们服。

他接着说:"我三天就能摆平你们很多人用三个月才能走出的失恋阴影,我何必花那么多时间跟你们一样。你们凭良心说,你们这些骂我无情无义的哪个失恋时候不希望像我现在一样迅速自愈?"

我们服。

他接着说:"你们说我品质不好,我说你们能力不行。不能因为我自愈能力强,你们就觉得我不认真。我谈恋爱时比你们谁都认真,不比你们任何一个分心。我不过是走出失恋阴影的能力和后续求偶的能力强,你们就指责我。"

我们服。

他继续说:"迅速走出失恋,摆脱情感伤痛,精神焕发迎接新生活,这本来就是平时你们叨咕渴求的能力,而我具备了这个能力之后,你们又说我人不好?到底是我品质有问题,还是你们有问题?"

我们服。

他接着说:"什么是负责任的感情?来如长江万里,去似风卷残云。谈的时候,轰轰烈烈,兢兢业业;分的时候,干干净净,痛痛快快。你追人家,人家同意,那就你侬我侬如胶似漆。人家烦你,坚决离开,那就微笑挥手迎接新生。"

我们服。

他接着说:"她若要来,千山万水,我都去接。她若要走,死缠烂打,不让她走。如果她坚决要走,那就微微一笑,轻轻挥手。一个已经决心抛弃了你的人又值得你耗费多少青春?爱我的,一辈子都嫌少;忘我的,一秒钟都嫌多。"

我们服。他喝了一口黑芝麻粉。

他接着说:"我现在吃雪饼喝芝麻粉,明天吃仙贝喝黑豆粉也一样。吃不着雪饼仙贝也无所谓的,大米饼也有的是。历史一次又一次雄辩地证明,雪饼会有的,仙贝会有的,煎饼果子会有的!"

我们服。

他接着说:"请问在座各位,具备'迅速开心快乐迅速重生自我'的能力,为什么非得媚俗装纯?你们这些指责我'新欢太快'的圣人们告诉我,我们青春一共能有几年?青春这么美,你告诉我谁值得我停留?"

我们服。

他接着说:"请问在座各位,现在让你们心里肝肠寸断的那个人,还是去年的那个人吗?你们扪心自问,明年谁能保证你还为现在心里的这个人肝肠寸断?青春这么美,你告诉我谁值得我停留?"

我们哭。

他接着说:"问在座各位,时间给了你多少爱情,去相遇与分离、选择与后悔?爱情又给了你多少时间,去成长与感悟、反思与历练?这么宝贵的青春,我们的利用率高一点不行吗?最后问一遍各位,青春这么美,你告诉我谁值得我停留?"

我们服。

他接着说:"我替你们回答,没有,没有,没有!青春实在太美好了,谁都没资格让我们停留。每个人只能陪我们走一段路,能走多远走多远。不能说她走了,我们就都得'看着她远方消逝的背影'一个小时不动。大哥,要没地铁了!再不上车回不了家了!"

我们服。

他接着说:"另外,我问问你们这些女生。你们一个个能受得了老公对前女友念念不忘吗?你们不能。但是你们一个个又总希望前男友对你们念念不忘!我就呵呵了。与其咒骂我们花心,毋宁反思自己贪心。"

我们服。女生不服。

他接着说:"姑娘们你们也别怒,抛开自尊心仔细想想我说的有道理没道理。当然你跟我说渣男欺骗感情劈腿的确实有很多。但是我想说的是,你们可以骂花心,骂劈腿,但是请不要误伤我们这批自愈能力很强的人。'自愈力强'可完全不等同于'用情不深'。"

我们服。女生不服。

他接着说:"我知道你们说'如果真爱了不会那么简单就走出来。'但是你们要知道,很多人就是具备你们渴望的那种能力。刚刚我说了,爱的时候很认真,不能再爱了就果断些。姑娘们回忆下你们上次失恋的样子吧,是不是渴望拥有我现在的状态?而你们究竟是否'用情不深'呢?"

我们服。女生也服。

他接着说:"当然,具备这种能力付出的代价也是各种生活伤痛,饱经沧桑。看见贼吃肉,没看见贼挨揍。当你们质疑他们品质的时候,请不要忘记,那个被你质疑的人曾经经历过怎样的心灵磨砺才有了今天的强大内心。"

我们服。女生也服。

他接着说:"所以,请不要鄙夷并尽可能尊重有能力有着很高青春利用率的人。因为他们不仅具备了你们梦寐以求的自愈能力,他们更经受了你们无法想象的心灵打磨。什么是我们的榜样?——你无情,我无恼,一路走好;今天哭,明天笑,一身骄傲。"

我们服。他喝了口芝麻粉。

他接着说:"说到这,我不仅无语你们这些'鄙夷高青春利用率'的'圣人婊',更不能理解那些自甘堕落、自绝于青春的傻孩子。"

我们瞪大了眼睛。

他接着说:"很多人每天嚷嚷'累觉不爱',说'被某某伤了就不相信爱情了'之类的丧气话。为了一段不堪的过去,否定了所有无限的未来。这智商我想问问,你现在买冰淇淋还能数明白零钱吗?"

我们服。

他接着说:"须知,这个世界的某个角落正有个人等着大步向前,等着与你相遇,等着与你相爱。青春这么美,你竟然要在过去的一棵烂树杈上耗着？你爱上个姑娘或者男神，结果你矫情拖着纠结过去。万一被别人抢走了呢？"

我们服。

他接着说："你在张三那耗着，你对得起值得你爱的李四吗？兄弟啊，李四正等着你爱啊！须知，我们的灵魂和肉体不属于自己，而是属于一大堆值得我们爱和爱我们的人。怎么能为了一己私欲'想不开'，往那一杵，让人家干巴巴馋着呢？太不负责任了！"

我们服。

他接着说："话说回来，青春这么美，人家也没必要耗着，也没必要为你停留啊！你不给力，痛快表态，人家找别人。总会有一个雷厉风行、朝气蓬勃的人生赢家替你这个不思进取、畏首畏尾的窝囊废照顾你梦中的她。"

我们服。

他接着说："总听见有人吐槽'如果不爱我，你撩我干吗？'我倒是想吐槽'如果不撩我，你爱我干吗'？爱我，就追我，就推倒我。什么叫'担当'？就是我要亲手给你幸福，别人给你我不放心！"

我们跪。

他喝了口黑芝麻粉，说："青春真的好美啊！"

淡淡留下了一句古诗，扬长而去："当时年少春衫薄，骑马倚斜桥，满楼红袖招。"

最终，我们将他如此大的信息量总结了三点核心，深深自警：

青春利用率要高一点。青春那么美，没有谁值得我们停滞不前。

抵制花心，学会自愈。一手抓品质，一手抓能力，两手都要抓，两手都要硬。

爱 tā，就追 tā，推倒 tā。什么是"担当"？就是我要亲手给你幸福，别人我不放心。

秀恩爱究竟虐了哪条狗

《生活大爆炸》里天才科学怪咖谢尔顿基本过着极为幸福欢乐的无性生活。他最好的朋友结婚时,谢尔顿作了一番婚礼致辞:"人穷尽一生追求另一个人类,共度一生的事,我无法理解。或许我自己太有意思,无须他人陪伴。所以我祝你们在对方身上得到的快乐,与我给自己的一样多。"

初中同学聚会,同学们好多都结婚了。结婚了的调侃没结婚的,大概意思就是"我有老婆我虐狗"。很多单身男同学表示招架不住,无力还击。这时某单身高富帅发话了:"秀什么秀,哥想结婚能随时结婚,你们结婚的想单身能随时单身吗?"结婚的弟兄们无语招架。卒。

硕士期间见过一男神被一屌丝秀恩爱。屌丝表示他是人生赢家,奚落男神平时那么牛也没个对象。本以为男神会生气,谁想男神呵呵,回复:"就你这女朋友,给我我都不要。你跟我秀恩爱没有必要,你去折腾折腾别人。哥具备随时结束单身的能力。"屌丝哑然。回想确实,男神身边莺歌燕舞,跟他秀恩爱,班门弄斧。

如上,事实证明,单身人群并非都对秀恩爱行为反感、嫉妒、慌乱。他们当中有相当的一批人对于善意秀恩爱表示赞赏、祝福、鼓励,对恶意秀恩爱表示从容、不屑、蔑视。在面对铺天盖地的秀恩爱虐单身狗的情人节等各大节日的一片犬吠声中,他们坐看风雨起,稳坐钓鱼台。

"单身狗"的这种淡定在部分"恩爱族"眼中,既不是出于修养良好,从容不争,又不是强颜欢笑,吃不着葡萄说葡萄酸,而是一种由衷的纯粹的情绪表达。这是为什么呢?为什么同样单身,他们却并没有表现出一个"单身狗"应有的状态呢?他们何故不是风声鹤唳、哀鸿遍野,而是云淡风轻、水远天高呢?

因为,不是每个单身都是"单身狗"。很多人单身,不是被迫单身,而是选择单身;不是不能婚恋,而是不想婚恋。他们拥有一些高质量的备胎和可发展对象,具备随时结束单身的能力。他们只是出于工作、学习等方面的考量而在特定阶段主动选择单身。在哪里脆弱，就在哪里敏感。他们不缺爱的机会和能力，所以也就不在爱这个方面纠结和惶恐。

单身这事，分两种，一种是主观单身，一种是客观单身。主观单身就是单身者具备摆脱单身境遇的能力，而因为特定的天时地利人和的原因主动选择单身。客观单身就是单身者不具备其所处环境所要求的求偶能力，自身能力不足以支撑实现个人婚恋目标，从而被迫选择单身。前者的情感生活朝气蓬勃，从容淡定，后者的情感生活枯萎憋屈，彷徨落寞。

婚恋这事，分两种。一种是恩爱感情，一种是凑合感情。恩爱感情是双方基于互相在乎、怜爱、珍惜，共同建设出来的高质量情感。凑合感情是双方迫于经济、舆论、伦理、同情等某方面压力，冲刺猜忌、牢骚、不忠的低质量情感。恩爱感情是真正意义上的爱情。而凑合感情则是形同虚设，名存实亡。恩爱感情中，双方幸福甜蜜，羡煞旁人；凑合感情中，双方互相折磨，各自寻欢。

如是，单身未必可悲，婚恋未必幸福。是否幸福开心，不取决于你的婚恋状态，而取决于你的情感生活质量。只要你拥有高质量的情感生活状态，无论单身还是婚恋，你都是意气风发，春风满面，志得意满；只要你被低质量的情感生活状态折磨着，无论婚恋还是单身，你都是度日如年，有气无力，渴望摆脱。

面对一张张秀恩爱的照片，单身狗的犬吠声中，其实夹杂了大量的虚假声音。很多自诩为单身狗的单身者，并不是真的觉得受到了伤害，而只是在调侃和自嘲。而自嘲和调侃者，往往是自信者。我们会发现，大量男神女神会自诩"单身狗"，但还是泰然自若，就因为他们自信。他们处于高质量的情感生活状态中，身边有大量源源不断的备胎可供选择，他们明白，自己具备随时结束单身的能力。

真正的被秀恩爱伤害的单身者，是那些不具备改变现状能力，不能够建设高质量情感生活的被迫单身者。他们才是名副其实的"单身狗"——不是每个光棍都叫"单身狗"。真正的"单身狗"在婚恋方面的信心是十分薄弱的，历经了多年的婚恋挫败，对于家人的催促、朋友的调侃、心上人的无视都十分敏感。

面对一张张秀恩爱的图片，坚强者还会呜呼哀哉，调侃自己；郁闷者则往往默不作声，拉黑对方，暗自生恨；偏执者则往往公开咒骂，讽刺奚落，留言诸如"秀恩爱分得快""你也就能秀秀恩爱"等攻击言论。坚强者一般充满希望，修养良好，假以时日就会获得高质量的感情；郁闷者一般低调内敛，默默上进，也还有着改变状况的潜质和可能；至于偏执者，修养全无，狭隘张狂，点灯不亮，炒菜不香，根本不是什么好油，注定孤生。

另外，比起不具备建设婚恋能力而被迫选择单身的"单身狗"，秀恩爱更大的受害者，是不具备建设高质量婚恋能力却处于低质量婚恋状态的婚恋者。如果说不幸的单身者被称为"单身狗"，那么不幸的婚恋者可以称为"配对狗"。再窘迫的单身者，也有一丝幻想；而窘迫的婚恋者，则近乎绝望。因为如果他们单身尚且可以说自己的不幸因为单身，而他们已经婚恋，他们的不幸已经没有了可改变的可能。

在短暂须臾的乍见之欢或者新婚宴尔过后，他们往往挣扎于无尽的基于三观、生活习惯、经济能力、父母关系等家庭纠纷中。他们对于单身生活的艳羡，远远大于单身者对于婚恋生活的艳羡。因为单身者还有结婚的可能，而处于低质量婚恋状态下的人则是有着很狭小的选择可能性。要想摆脱现状，他们只有背负着单身者不会背负的分手和离婚成本。

所以，单身不单身无所谓的，关键在于你是否有建设高质量情感生活的能力。具备建设高质量情感生活的能力，单身照样虐双狗；不具备建设高质量情感生活的能力，恋爱了也不过是从"自己恶心自己"的状态进入了"找一个人相互恶心"的状态。

有人说爱情是围城，里面的人想出来，外面人想进去，纯扯。有能力的人无所谓进出，墙里墙外都幸福；无能力的人进出无所谓，墙里墙外都闹心。"秀恩爱虐狗"，虐的不是单身，虐的是无能。

狼行千里吃肉，狗行千里吃屎。如果有建设高质量情感生活的能力，单身不单身，都不会被虐，单身幸福，婚恋也幸福；如果没有这个能力，单身不单身，都会被虐，单身不幸，婚恋更不幸。总之，"秀恩爱虐狗"的核心根本问题，不在于是否"单身"，而在于是否"做狗"。是狗，单身了是"单身狗"，不单身了是"配对狗"。

综上，对于"单身狗"来说，努力方向是个大问题。与其简单将自身的悲哀与不幸归结为"单身"，不如先好好想想，自己的不幸究竟是来源于"单身"，还是来源于"矮穷丑矬撸，土肥圆贤二"。

所以，在追求幸福婚恋的道路上，我们首先需要忧虑的不应该是"遇不到 tā"，而是"遇到了把握不住 tā"。细细想来，让我们怦然心动的 tā 不是没出现过，只不过我们很多时候不具备足够的条件和资质以支撑我们有勇气和能力去追求，或者追求到手却没有能力建设和维系高质量感情，本来一手"对对和"，却给别人"点了炮"。

岭深常得蛟龙在，梧高自有凤凰栖。比起忙碌相亲，我们手头任务更紧急的应该是读书、健身、塑形、养颜、赚钱、练修养、懂幽默、拓眼界等自我提升。等哪一天，在书店、健身房、电影院等一切浪漫爱情发生的场所，当那个让我们怦然心动的 tā 被天使引导到我们面前的时候，我们可以对着天使说："Good boy, I am ready."

最后，想对单身的兄弟姐妹们说："记住，在哪里敏感，就在哪里脆弱。"只要我们被别人的秀恩爱刺激到了，觉得内心不爽，就说明我们还不具备建设高质量感情的能力。与其咬牙切齿，不如送上祝福，默默努力，早日登对。如果我们对别人的秀恩爱满是温暖和祝福，恭喜大家，再接再厉，幸福已在路上。